머리가 좋아지는 영양학

수험생을 위한 뇌 집중력, 기억력 필수 영양 상식

머리가 좋아지는 영양학

수험생을 위한 뇌 집중력, 기억력 필수 영양 상식

초판 1쇄 1991년 06월 25일
개정 1쇄 2023년 10월 24일

지 은 이 나카가와 하치로
옮 긴 이 안용근
발 행 인 손동민
디 자 인 장윤진

펴낸 곳 전파과학사
출판등록 1956. 7. 23 제 10-89호
주　　소 서울시 서대문구 증가로18, 204호
전　　화 02-333-8877(8855)
팩　　스 02-334-8092
이 메 일 chonpa2@hanmail.net
홈페이지 www.s-wave.co.kr
공식 블로그 http://blog.naver.com/siencia

ISBN **978-89-7044-634-9** (03590)

머리가 좋아지는 영양학

수험생을 위한 뇌 집중력, 기억력 필수 영양 상식

나카가와 하치로 지음 | 안용근 옮김

전파과학사

머리말

어떤 일에도 머리가 좋고 나쁜 것을 따지는 시대다. 학력 사회의 폐해는 여러 가지로 얘기되고 있으나 취업 전선에서도 출신 대학이 채용 기준의 중요한 포인트가 되는 현실에는 변함이 없다. 자녀들의 교육에 치맛바람이 거세게 일고 있는 이유도 근본을 따지면 세상이 그렇게 돌아가고 있기 때문이 아닐까?

한편, "학교 성적이나 입시 따위는 아무래도 좋다. 아이가 지니고 있는 본래의 재능을 마음껏 키워 주고 싶다."는 어머니도 늘어나고 있다. 그러나 비록 그런 자유로운 교육을 받아 스스로가 나아갈 길을 찾아내었다 해도, 오늘의 정보화 사회 속에서 소기의 목적을 달성하기 위해서는 역시 나름대로 머리가 좋아야 할 필요가 있는 것도 사실이다.

일찍이 파스칼은 "인간은 생각하는 갈대다"라고 갈파하였다. 인류를 의미하는 호모 사피엔스(슬기로운 사람이라는 의미)라는 혁명으로 미루어 보더라도 인간의 본성은 '생각하는 것', 바꿔 말하면 '머리가 좋다'는 데 있다.

'머리가 좋다'는 것은 뇌 과학에서 보면 뇌의 기능이 얼마나 활성화되어 있느냐 하는 것을 의미한다. 건강한 보통 사람이면 누구나 컴퓨터와는 비교할 수도 없는 훌륭한 뇌의 잠재 능력을 지니고 있다. 즉, 사람은 제각기 '머리가 더욱 좋아질' 가능성을 내재하고 있다.

그러나 대개의 경우 이 타고난 잠재 능력을 충분히 끌어내지 못하고 끝나고 만다. 뇌기능의 활성화가 충분히 이루어지지 않는 최대의 원인은 도대체 어디에 있을까? 공부가 부족해서일까, 텔레비전이나 만화 때문일까, 또는 교육 제도나 가정교육이 잘못되어 있어서일까, 아니면 현대라는 시대 자체가 모든 악의 근원일까?

이유는 얼마든지 있다. 그러나 생각지도 못한 곳에 뜻밖의 함정이 도사리고 있는 것을 깨닫고 있는 사람은 그리 많지 않다. 즉, 일상의 식사 내용이나 섭취 방법이 뇌기능의 활성화를 크게 좌우하고, 나아가서는 '머리의 좋고 나쁨'을 결정하고 있다는 사실이 전혀 무시되고 있다.

단적으로 말해서, 현대인의 식사와 식품, 영양소에 대한 사고방식은 시종일관 머리를 뺀 육체 중심의 발상에 매여 있다. 그 좋은 예가 미식(美食)과 다이어트일 것이다. 자식의 교육에 열성적인 어머니는 공부나 성적에 대해서는 잔소리가 많아도, 아침을 굶기고 학교에 보내거나 고단백식만 먹이면 된다고 하는 '큰 죄'를 범하고 있다. 이래서는 아이들의 뇌를 활성화하여 성적을 올리려 해도 헛일이다.

지금처럼 식사나 영양에 관한 지식이 한쪽으로만 치우쳐 있는 괴상한 유행이 만연되어 있는 배경에는 영양학, 특히 '뇌 영양학'에 대한 인식 부족과 오해가 도사리고 있다고 생각된다. 칼로리 계산이나 금기 식품의 일람표에는 정통해 있어도, 주요한 '뇌의 영양'에 이르러서는 유감스럽지만 일반적으로는 거의 알려져 있지 않다.

그 예로, 왜 날마다 세 끼 식사를 취해야 하는지 그 까닭을 알고 있는가? 사실은 하루 세 번의 식사는 이 책에서 설명하듯이 뇌의 활성화에는 불가결한 조건이다.

'언제, 무엇을 먹고 있느냐에 따라 성격과 머리의 좋고 나쁨이 결정된다'고 하면 더욱 놀랄지 모른다. 그러나 최근의 뇌에 대한 연구에 의하면 부정할 수 없는 데이터가 잇따라 나오고 있다.

뇌와 신체는 필요로 하는 영양이나 영양소의 사용 방법이 크게 다르다. 따라서 종래의 일반 영양학과는 확실히 구분되는 뇌의 독자적인 영양학이 밝혀져야 한다. 그래서 이 책에서는 일상생활을 중심으로 발육과 상황에 따른 뇌 중심의 영양학을 구체적으로 알기 쉽게 소개하였다.

이 새로운 영양학을 '정보로 먹는 노하우를 아는 학문'이라는 의미를 담아 필자는 '정보영양학(情報營養學)'이라 부르고 있다. 머리의 좋고 나쁨, 즉 뇌의 활성화 정도는 주로 생체 정보 물질의 섭취 방법에 크게 의존한다는 의미다.

사회의 국제화와 고도 정보화에 따라 지금부터 21세기 시대는 뇌의 정보 처리량이 점점 커질 것이 틀림없다. 즉, 뇌를 잘 활성화시킬 수 있는 사람만이 크게 성공할 수 있는 시대가 될 것이다.

더욱이 마음의 풍요로움도 뇌의 활성화와 무관하지 않다. '정보'와 '마음'이란 인간의 뇌가 지니는 두 가지 얼굴이다. 그런 이상 '마음의 시대'에 정보영양학이 수행하는 역할 또한 크다. 이 책에는 머리를 활성화하는 구체적인 식사법이 실려 있다. 그래서 이 책을 '머리가 좋아지는 영양학'이라고 이름 붙이게 된 것이나 사실은 이 책의 내용은 '마음이 풍요로워지는 영양학'이기도 하다는 사실을 여기서 미리 강조해 둔다.

얘기가 좀 거창해졌지만 쉽게 말해서 뇌의 기능을 활성화함으로써 누구나 다 지니고 있는 뛰어난 뇌의 잠재력을 충분히 일깨워, 사람 나름대로 '머리가 좋아지기' 위해서는 저마다의 식사 비결이 있는 것이다.

이 책에서 그 비결을 깨닫고 총명한 두뇌와 풍요로운 마음으로 밝은 인생을 살아간다면 다행이다. 특히 앞날을 걸머질 자녀와 수험생을 가진 어머니들이 꼭 읽어 주기 바란다.

지은이

| 목차 |

6장 노망을 방지하는 음식으로 머리는 언제나 청년

1장

머리가 좋고 나쁜 것은 식사로 결정된다

[뇌의 구조와 정보 영양학]

1. 왜 지금 뇌의 영양학인가?

음식을 보면 사람을 안다

우리의 체격과 건강은 세 끼의 식사로서 얻는 '영양'에 크게 의존하고 있다.

예를 들어, 현재 17세 남자(고등학생)의 평균 신장은 먹을 것이 충분하지 못했던 25년 전의 학생에 비하면 4㎝, 50년 전의 학생에 비하면 9㎝나 크다. 즉, 고도성장에 따라 좋아진 식량 사정이 젊은이들을 서양인 못지않은 당당한 체격으로 만들었다.

또, 현재의 일본은 세계 제일의 부자 나라, 세계 제일의 장수국이라고 한다. 식사 내용의 충실은 '국민 전체의 부'를 낳게 된 원천의 하나였다.

그러나 '사람은 빵만으로는 살 수 없다'(마태복음 4:4). 일본인의 체격이 아무리 좋아져도 '마음이 가난하고 텅 빈 머리'라면 진정한 의미로서의 대국이 될 수는 없다.

돌이켜 보면 일본은 메이지유신이래 국민 체위를 서양인 수준으로 올

려놓기 위해, 영양 면에서도 '따라 붙자, 추월 하자'를 신조로 살아왔다. 그 결과, 칼로리 편중이나 동물성 고단백식을 과대시하는 그릇된 생각이 싹터, 지금껏 그것이 '상식'으로 통하고 있다. 21세기를 눈앞에 둔 지금, 이러한 육체적인 면만을 고려하는 영양 상식은 근본적으로 재검토되어야 할 것이라고 생각한다.

그래서 먼저 주목하고 싶은 게 '음식물과 인간의 성격'에 대한 예로부터의 대중의 지혜이다. 예로서 관서인(關西人)은 담백한 맛을 좋아하므로 성격이 담백하고 끈기가 없다든가, 동북인(東北人)은 쌀을 많이 먹기 때문에 끈기가 강하다는 식이다. 사실이야 어떻든 일상의 식습관의 차이가 인간의 성격 형성에 큰 영향을 미친다는 관점은 흥미롭다.

서양에는 훨씬 더 단적인 'Man eats what he is.'라는 말이 있다. 즉, 그 사람의 식사 내용으로 인품이나 머리의 좋고 나쁨을 알 수 있다는 말이다. 만약 이게 맞는 말이라면 반대로 식사 내용의 차이가 인간의 인격이나 머리의 좋고 나쁨을 어느 정도 결정지을 수 있다고도 생각된다. 즉, 'Man is what he eats.'로, '인간이란 식사 내용으로 결정된다'라고 말할 수 있을지도 모른다.

정보영양학의 권장

일반적으로 국민성이나 개성, 머리의 좋고 나쁨이라는 특성은 대부분이 타고난 유전자에 의해 결정되는 것이라고 널리 알려져 있다. 또 자연

환경이나 '성장'의 차이도 '혈통' 즉 유전자 못지않게 강한 영향력을 지니고 있다는 것이 알려져 있다.

그러나 매일 먹고 있는 음식물에 대해서는 그것이 생존을 위해 필수불가결하다는 것은 모든 사람이 인정하면서도, 고도의 정신활동에 직접으로 영향을 끼치고 있다는 관점은 유감스럽지만, 종전의 영양학에는 없었다. 음식물은 단지 '살기 위한 수단'으로만 생각해 왔다.

인간의 개성이라든가 머리의 좋고 나쁨은 말할 나위도 없이 인간 정신의 특성이며 뇌의 작용에 크게 의존하고 있다. 따라서 단순히 동물적 차원으로서의 인체에 대한 영양학이 아닌, 고도의 인간적인 여러 능력을 높여준다는 관점에서 매일의 식사를 재검토하려 한다면, 뇌의 독자적인 구조와 작용에 합치하는 새로운 영양학이 제창되지 않으면 안 된다.

이 과제에 대답하려는 것이 '정보영양학'이다. 정보영양학적 관점에서 본다면 칼로리, 단백질, 비타민 등 비록 종전과 같은 영양소를 예로 들어 보더라도 지금까지의 '상식'으로는 생각할 수 없었던 일면, 즉 의외의 '새로운 사실'이 떠오른다.

이 책에서는 이런 '새로운 사실'을 곳곳에서 들어가면서 머리의 활동이 좋아지는 영양학의 구체적 비결을 소개할 예정이며, 순서상 먼저 뇌의 독자적인 구조와 기능을 어느 정도 이해해야 한다.

서두부터 갑자기 어려운 뇌생리학이냐고 말할지 모르나 그것이야말로 '머리의 운동'을 하는 셈치고 가벼운 마음으로 읽어 주기 바란다. 지금부터 입시를 치르거나 바로 아기가 태어날 사정으로 실천이 중요한 입장인 사람은 우선 4장이나 5장부터 읽기 시작해도 된다. 비결을 대충 이해하고 나서 다시 전반의 3장을 읽으면 비결의 근거가 되는 과학적 사실이 수월하게 머리에 들어올 수도 있을 것이다.

서론은 이 정도로 하고 '신비의 블랙박스'인 뇌의 깊숙한 속으로 들어가 보기로 하자.

2. 뇌에는 영양의 검문소가 있다

무척이나 까다로운 출입국 심사

입으로 들어간 음식물은 대소변이 되어 체외로 배설되기까지 약 반나절이 걸린다. 그 사이에 위와 장 등에서 소화, 흡수작용을 받는다. 수분은 대장에서, 다른 영양분은 소장에서 흡수되는데, 소장은 대장보다 4~5배가 길고 표면적도 넓다. 펼쳐 놓으면 두 평반이나 되는 소장의 내벽으로부터 당, 아미노산으로까지 분해된 영양 물질이 흡수되면, 그 물질은 혈액에 녹아들어 간장으로 운반된다.

뇌와 더불어 가장 무거운 장기인 간장 안에는 가늘고 가지가 많은 모세혈관의 그물이 곳곳에 펼쳐져 있고, 이 모세혈관의 작은[8나노미터(㎚), 100만 분의 8㎜] 틈을 통해 영양 물질이 섭취된다. 이런 모세혈관의 그물은 신체 내의 모든 장기에 있고 그 모세혈관 벽을 통해서 생체 물질이 교환된다.

뇌 속에 있는 모세혈관의 구조를 미세하게 관찰해 보면 신체의 다른

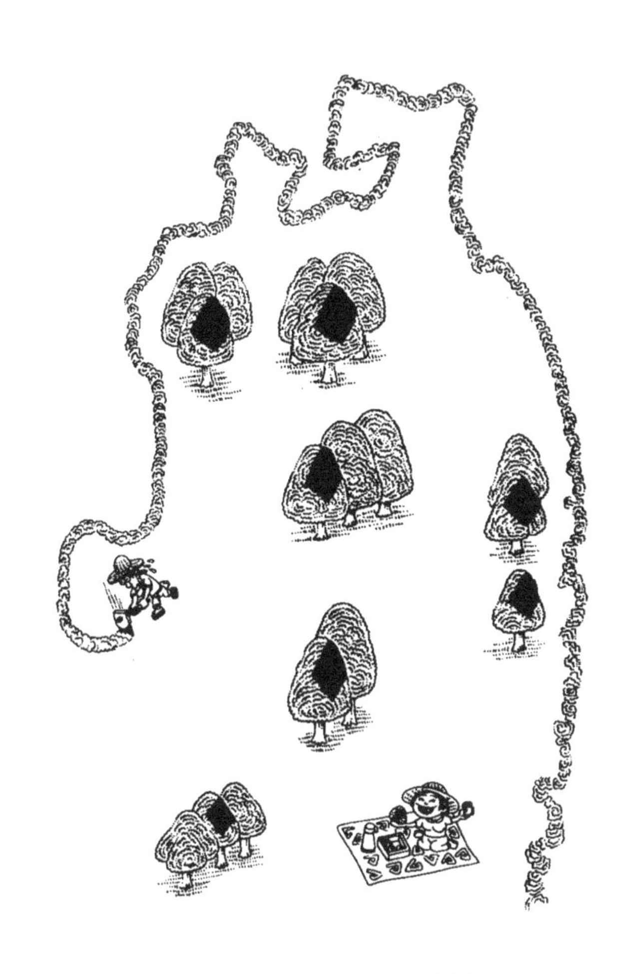

쌀을 많이 먹기 때문에 끈기가 있다!?

부분의 모세혈관에서는 볼 수 없는 두드러진 특징이 한 가지 발견된다. 이 특징적인 구조야말로 뇌의 영양학을 신체의 일반적인 영양학과 구분하는 가장 큰 특징이다. 그것은 어떤 구조일까? 한마디로 말해서 다른 모세혈관 벽은 빈틈투성이인데도 뇌의 모세혈관 벽에는 빈틈이 없다는 점이다. 틈이 있으면 그곳으로 영양 물질이 자유로이 왕래하게 되나 틈이 없으면 왕래가 힘들고 당연히 물질이 뇌의 내부로 섭취되는 데 제한이 가해진다.

즉, 국내 여행이라면 비행기를 타든 기차를 타든 표만 있으면 개찰구를 마음대로 드나들 수 있다. 그러나 해외여행이라면 그렇게 수월하지가 않다. 세관이라는 '관문'을 통과해야 하고 소지품이나 경력 관계로 통과가 안 되면, 가고 싶은 데도 못갈 뿐 더러 돌아가야 하는 경우도 있다.

혈액 속으로 섭취된 영양 물질을 승객이라고 본다면, 뇌의 모세혈관 벽은 국제선의 검문대와 같은 역할을 하고 있다. 그런 의미에서 뇌가 지니는 이 독특한 구조는 '혈액-뇌관문'이라 불린다.

꽤 오래 전의 일이지만 화학조미료로 쓰이는 글루탐산이 머리에 좋다는 설이 있어, 그것을 소개한 책이 베스트셀러가 된 적이 있다. 수험생들이 앞을 다투어 읽었다하나 뇌의 외부로부터 공급된 글루탐산은 혈액-뇌관문을 쉽게 통과하지 못한다는 사실이 알려져 어이없는 얘기로 끝나고 말았다.

무엇을 위한 '관문?'

혈액-뇌관문의 구조를 살피기 전에, 왜 그런 것이 존재하느냐고 하는 일반적인 해석을 간단히 소개한다.

알다시피 인체의 중추 신경계는 뇌와 척수로 형성되며 뇌는 두개골, 척수는 대롱 모양의 척추라고 하는 견고한 수비로 보호 되고 있다.

중추 신경계는 군대조직으로 말하면 사단 사령부에 해당하고, 대뇌피질 등은 최고사령부가 있는 군 본부로 볼 수 있다.

그에 대해 뇌 및 척수라고 하는 사령부에서 출발하여 신체의 말단까지 분포되어 있는 신경망을 말초 신경계라고 한다. 즉, 튼튼한 뼈 안쪽에 있는 중추 신경계가 아무리 우수한 기능을 지니고 있어도 외부와의 접촉이 없으면 정보 수집이 불가능하기 때문에 그 결점을 보완하여 말단 정보를 수집하는 역할을 하기 위해 눈, 귀, 코, 혀, 피부, 소화관 등의 '전선'으로 뻗어 있는 말초 신경계가 존재한다.

신경계라고 하는 군대는 외적뿐만 아니라 내란에도 대비해야 한다. 이를테면 어쩌다가 몹시 화가 나서 격분 상태에 이르렀다고 하자. 그러면 혈압이 올라 신체가 위험한 상태에 다다른다. 그러면 경동맥(頸動脈)에 있는 혈압 감지기로부터 뇌의 심장혈관계 중추에 신호가 가고 거기에서 곧 신체로 지령이 나간다. 즉, 혈압이 너무 올라갔으니까 심장의 수축력을 억제시키고 심장의 박동을 낮추라는 지령이다. 이처럼 중추 신경계에는 체내의 특정 조직이나 기능에 관한 내부 정보가 항상 말초 신경계와 호르몬계를 통해서 모아지고 있다. 바꿔 말하면 말단 조직의 병사들은 항상 신체 속의 정보원인 신경 전달 물질이나 호르몬 등의 '내부 탐색'과 '지령'을 받고 있다.

그러나 이들 체내의 탐색 역할을 하는 부대가 뇌의 모세혈관을 통해서 무제한으로 뇌의 내부로 들어가게 되면 어떻게 될까? 아마 중추 신경계의 기능은 큰 혼란에 빠져버릴 것이다. 즉, 분노와 공포 시에 나오는 아드레날린(Adrenaline)이라는 호르몬을 무리하게 인체에 대량으로 투여하면 혈압이 자꾸 올라가 마침내 심장이 터지게 된다. 최근에 자주 화제에 오르는 도파민(Dopamine)이라는 신경 전달 물질도 뇌 안에서 과잉으로 활동하게 되면 정신분열을 일으키는 것으로 알려져 있다. 거꾸로 부족한 경우 생기는 것이 전신 경련 등을 특징으로 하는 파킨슨병(Parkinson Syndrome)이다.

그래서 이런 이상 상태를 미연에 방지하기 위해서는 설사 직속부대의 병사들이라 하더라도 사령부 출입은 엄중히 점검해야 한다. 이 점검 역할을 담당하고 있는 것이 혈액-뇌관문이다. 뇌의 모세혈관은 뇌의 기능에 나쁜 영향을 끼치는 독 물질 등이 뇌 안으로 들어가지 못하게 저지하고, 그러면서도 영양소 등 필요한 물질만을 통과시키는 독특한 구조를 가짐으로써 생체 정보의 사령부가 혼란에 빠지지 않게 미연에 방지하고 있다.

'아교'처럼 달라붙어서 영양을 섭취하는 세포가 있다

그러면 여기에서 혈액-뇌관문의 구조를 자세히 살펴보기로 하자.

뇌 이외의 조직이나 기관에서는 그에 필요한 영양 물질이 모세혈관의 내피 세포를 통과하는 외에, 이들 내피 세포들 사이의 틈을 누비면서도 운반된다. 이 틈은 '접착반(接着斑)'이라 불리며, 물질을 통과시키는 동시에

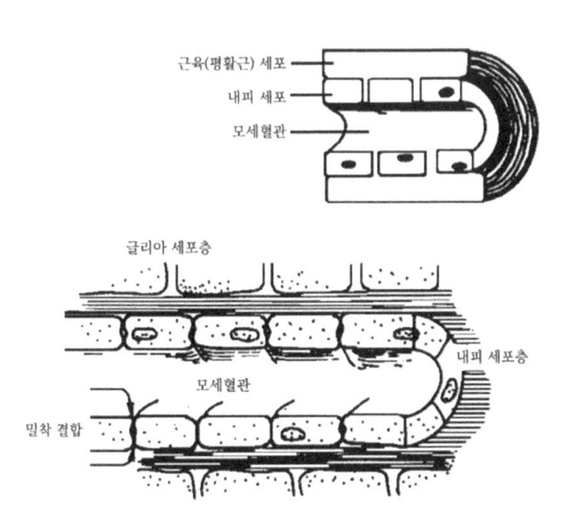

그림 1-1 | 뇌(아래)와 그 밖의 조직(위)에서의 모세혈관 벽의 차이. 뇌의 모세혈관 벽은 '밀착 결합'으로 틈이 없다

세포 사이의 안정성을 증대시키는 역할을 한다.

이에 대해 뇌 속의 모세혈관에서는 내피 세포끼리 '밀착 결합'이라고 불리는 방법으로 밀착하고 있어 접착반을 형성하지 않는다. 이 때문에 세포 사이에 틈이 없고, 통상적으로는 틈을 이용하여 세포 내로 섭취되고 있는 비교적 큰 물질은 뇌 속으로 들어가지 못한다(그림 1-1).

이상은 이미 설명한 대로 동물실험으로도 쉽사리 확인할 수 있다. 즉, 트리판블루라는 청색 색소를 정맥에 주사하면 혈액은 당연히 파랗게 물이 들지만 뇌나 뇌척수액은 물이 들지 않는다. 반대로 트리판블루를 뇌와 뇌척수액 안에 직접 주사하면 뇌와 뇌척수액은 청색으로 물이 들지만

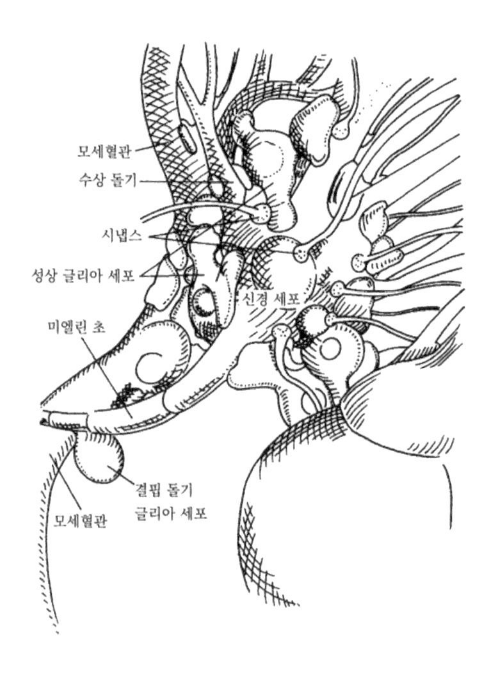

그림 1-2 | 신경 세포와 그에 붙어 있는 글리아 세포
(성상 글리아와 돌기가 결핍된 글리아)

혈액 속에 색소가 나타나는 일은 없다. 이 결과는 전신을 돌아다니는 혈액과 뇌 및 뇌척수액 사이에는 확실히 관문이 존재하지만, 뇌와 뇌척수액 사이에는 존재하지 않는다는 것을 가리키고 있다. 즉, '혈액-뇌관문이란 한마디로 뇌의 모세혈관이 틈을 갖지 않는 것이다'라고 할 수 있다. 개략적인 이해는 이것으로 충분할 것이다. 뇌의 구조를 더욱 정확하게 파악하기 위해서는 두 가지 포인트를 이해할 필요가 있다.

첫째는 뇌의 모세혈관으로부터 영양을 받아들이기 위한 글리아 세포

(Glia Cell)의 존재다. 뇌 이외의 조직에서는 조직 세포가 직접 모세혈관에 접하여 거기서부터 필요한 영양소와 산소 등을 흡수하고 있다. 그러나 뇌에서는 대부분의 경우, 신경 세포와 모세혈관이 직접 접촉하는 일은 없고 글리아 세포가 양자 사이를 메우고 있다(그림 1-2).

본래, '글리아'라는 이름은 '신경 세포들끼리 서로 밀착시키는 접착제와 같은 것'이라는 의미로, '아교'를 가리키는 교(膠)자를 따서, '신경교 세포(神經膠細胞)'라고 번역되어 있다.

글리아 세포는 그 형상과 기능으로부터 세 종류로 나눌 수가 있으며, 여기서 문제로 삼는 것은 돌기가 별 같은 모양으로 퍼져 있는 '성상(星狀) 글리아 세포'이다.

성상 글리아 세포는 신경 세포같이 많은 돌기가 있고, 그 일부를 문어발처럼 모세혈관에 감아 붙이고 있다. 또한 모세혈관으로부터 영양 물질을 빼내어 신경 세포에 주는 역할을 하고 있다. 즉, 신경 세포는 성상 글리아 세포라는 측근이 먼저 독성의 유무와 맛을 본 뒤에 통과시킨 요리밖에는 먹지 않는다고 할 수 있다.

이 '감별'은 성상 글리아 세포의 세포막 내에 묻혀 있고, 특정 물질만을 운반하는 수송체(Transporter)가 담당하고 있다. 요컨대, 뇌에 유해하거나 불필요한 물질은 여기에서 따돌려지게 된다.

이것도 넓은 의미로는 혈액-뇌관문이라고 할 수 있으므로 결국 신경세포는 뇌내 모세혈관의 내피 세포와 성상 글리아 세포라고 하는 이중 관문으로 보호받고 있다.

이중, 삼중의 침입 방어 기구

두 번째는 뇌의 모세혈관 벽이 지니는 생화학적인 성질과 관계가 있다.

일반적으로 동물이나 식물의 조직을 알코올 등의 유기 용제에 녹이면 지방과 지방 유사 물질이 녹아 나온다. 그를 통틀어 지질(脂質)이라고 하며, 거기에 인산(燐酸)이 결합된 것을 인지질이라고 한다.

인지질에는 친수성(親水性)의 머리 부분과 소수성(疏水性; 親油性)의 꼬리 부분(지방산 사슬)이 있어서 생체막을 구성할 때 특유한 이중 구조를 형성한다.

〈그림 1-3〉에서 보듯이 뇌의 모세혈관벽도 바깥쪽으로 머리를 향한 인지질 층과 안쪽으로 꼬리를 향한 지방산 사슬층으로 구성되어 있다. 소수성 부분은 기름 부분으로 생각할 수 있고 전류도 흐르기 힘들다. 따라

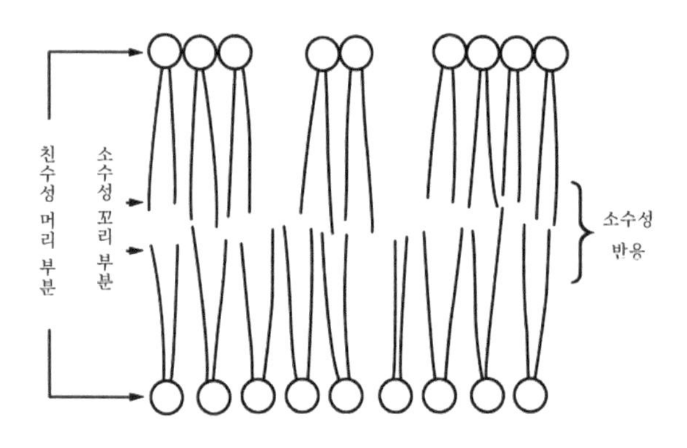

그림 1-3 | 인지질에 의한 생체막의 이중 구조

서 지방에 녹기 어려운 물질이나 전하(電荷)를 갖는 물질(이온)은 막을 쉽게 통과하지 못한다. 나트륨, 칼슘, 칼륨 등의 무기 이온들은 이온 채널(Ion Channel)이나 이온 펌프(Ion Pump)라고 불리는 분자기구(分子機構)를 사용하지 않으면 통과하지 못하고, 다른 물질은 해당 물질 고유의 수송체가 막 안에 존재하는 것만 막을 통과할 수 있다.

게다가 혈액-뇌관문의 파수병이라고 할 수 있는 여러 분해 효소의 존재도 무시할 수 없다. 즉, 뇌의 모세혈관 내벽을 구성하는 내피 세포에는 신경 전달 물질을 파괴하는 여러 가지 효소가 분포되어 있다.

예로서 노르아드레날린(Noradrenaline), 아드레날린(Adrenaline), 도파민(Dopamine), 세로토닌(Serotonin) 등의 모노아민계 신경 전달 물질은 모노아민 산화 효소라는 분해 효소가 파괴 작용을 한다.

또, 스트레스에 의한 변조(變調)를 수복하는 작용으로 유명한 아세틸콜린(Acetylcholine)과 같은 신경 전달 물질에 이르러서는 혈액-뇌관문을 구성하는 혈관 벽 자체가 그들을 합성하는 능력을 가졌는데도 불구하고 결코 과잉으로 흡수되는 일은 없다. 왜냐하면 합성 능력보다 수십 배나 강한 분해 능력을 지닌 콜린에스테라아제(Choline Esterase)라는 효소가 공존하며, 이 때문에 혈관 벽에 의해 합성된 아세틸콜린은 결국 그 자리에서 분해되기 때문이다.

이상과 같은 사실은 신경 전달 물질이 아무리 '머리에 좋다'고 해도 그것을 먹거나 주사하는 것만으로는 조금도 뇌 안으로 흡수되지 않는다는 것을 의미한다. 이를테면 앞에서도 말했지만 도파민의 결손으로 일어나는 파킨슨병에 대해서는 도파민을 필요량만큼 투여하면 간단히 치료가 될 것 같으나 그렇게는 되지 않는다. 뇌로 들어가기 전에 분해 효소에 의해 파괴되어 버리기 때문이다.

여기에서 고육책으로 분해 효소의 작용을 받지 않는 도파민 전구체(前驅體)를 투여해 보자. 전구체라면 혈액-뇌관문을 돌파하여 뇌 안에 도달하여 거기에서 도파민으로 변환될 수 있지 않을까 하는 기대 때문이다.

그러나 이 방법도 실제로는 신통치 않다. 예를 들면 도파민이 합성되기 한 단계 전의 전구체인 도파라고 불리는 물질을 투여하면 일시적으로는 확실히 효과가 나타난다. 그러나 통상, 뇌 속에서 필요한 도파민 양은 극미량으로 제한되어 있기 때문에 여분의 도파는 도파민을 지나쳐서 노르아드레날린으로까지 변화되고 만다. 그리고 필요 이상의 노르아드레날린이 뇌와 신체의 기능을 변화시켜 버린다. 참고로 우리가 '노발대발 한다'는 상태는 이 노르아드레날린이 만들어 내는 것이다.

그렇다면 도파보다 훨씬 앞 단계 물질인 티로신(Tyrosine)이나 페닐알라닌(Phenylalanine) 등의 아미노산을 다소 많이 공급하여 뇌 속의 도파민 양만을 증가시킬 수는 없을까? 재미있는 착상이다. 더욱이 이 방법은 뇌를 활성화시키는 생체 정보 물질의 섭취 방법이라는 이 책의 목적과 직접 관계가 있다. 그러나 실제로는 여기에도 큰 문제가 하나 있어서 '정보를 먹는다'는 일의 어려움을 통감하게 한다.

문제점이란 앞에서 말한 수송체와 관계가 있다. 일반적으로 아미노산의 수송체는 크게 나누어 네 종류가 있다. 예를 들어, 뇌 안의 신경 세포라도 앞에서 든 티로신이나 페닐알리닌 등의 중성 아미노산에 대해서는 L계(류신 등의 긴 사슬 아미노산), A계(알라닌 등의 짧은 사슬 아미노산), ASC계(알라닌, 세린, 시스테인)의 세 종류의 수송체가 있는데, 혈액-뇌관문을 구성하는 혈관벽에 한해 중성 아미노산을 운반하는 데에는 단 하나의 수송체밖에 존재하지 않는다. 그래서 뇌의 혈관 벽에서는 당연히 중성 아미노산끼리 수송체 쟁탈전이 일어난다. 여기에서 승패를 결정하는 것은 각 아미노산의 혈중 농도이다. 티로신이나 페닐알라닌과 같은 혈중 농도가 낮은 아미노산의 경우는 체외 공급으로 혈중 농도를 약간 높여 주어도 원래부터 혈중 농도가 높은(특히 고기 요리를 먹고 난 직후는 혈중 아미노산 농도의 약 절반을 차지하는) 발린(Valine), 류신(Leucine), 이소류신(Isoleucine) 등의 이른바 '분지쇄(分枝鎖) 아미노산'에는 이기지 못하여 뇌 안으로의 흡수가 나빠지게 된다.

이 같이 뇌의 모세혈관 벽이 지니는 생화학적인 특질은 뇌에 대한 영양 공급을 생각할 때 항상 주의해야 할 버금가는 요소이다. 이 메커니즘에 대해 구체적인 식사법에서 어떻게 배려하는지는 따로 설명하겠다.

3. 뇌와 포도당의 밀접한 관계

판다에는 조릿대 잎, 뇌에는 포도당

신체에 필요한 3대 영양소는 단백질, 지방, 녹말 등의 당질이다. 이 세 가지 영양소는 신체의 활동에 필요한 힘을 낳게 하는 에너지원이다.

그러나 뇌에 한해서는 이 '상식'이 통하지 않는다. 즉, 뇌는 다른 장기와는 달라서 에너지원으로서 포도당밖에는 이용할 수가 없다.

유칼립투스의 특정 종류의 잎사귀밖에 먹지 않는 코알라나 조릿대(대나무의 일종)의 잎사귀만 먹는 판다처럼 동물계에는 극단적인 편식 동물이 있다. 동물원의 사육 담당자의 수고도 많지만 뇌도 이 진귀한 짐승과 마찬가지다. 에너지원인 포도당을 끊임없이 보급하지 않으면 뇌의 활성화는 바랄 수가 없다.

더욱이 뇌는 편식가일 뿐더러 굉장한 대식가이다. 뇌가 하루에 어느 정도의 에너지를 소비하는가를 알면 뇌 영양학의 중요성을 새삼 실감하게 될 것이다.

뇌의 에너지 소비량을 영양학의 상용 단위인 칼로리로 나타내면 성인

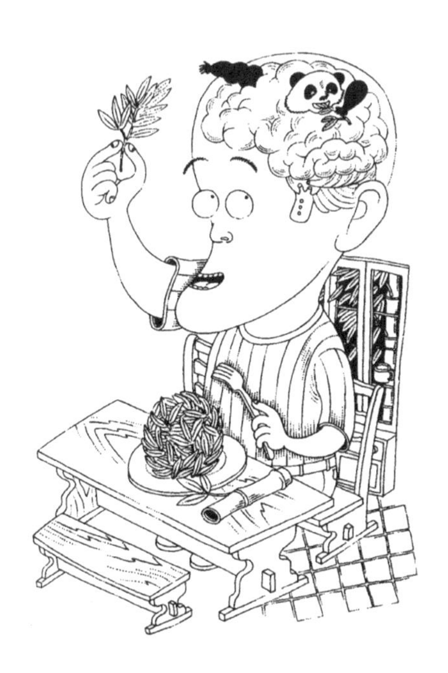

뇌는 굉장한 편식가!

남자의 경우 하루에 약 500cal가 된다. 다만 영양학에서 말하는 칼로리는 물리학의 칼로리로 환산하면 1,000cal, 즉, 1kcal이므로 물리학에서의 단위를 사용하면 뇌의 에너지 소비량은 하루 약 500kcal가 된다.

이것을 전등의 출력 표시 단위인, 일의 양을 나타내는 물리 단위인 와트(W)로 환산해 보면 약 20~25W로, 책상 위에서 일을 할 때의 60W나 100W짜리 전구의 밝기에는 미치지 못해도, 방을 구석구석까지 밝혀 주며 단란한 가족적 분위기를 만들기에는 충분한 밝기다.

컴퓨터도 깜짝 놀란다!

뇌와 대등한 '정보 처리 기계'라고는 하나, 컴퓨터는 출력이 보통 6~10kW, 즉 6,000~10,000W로 뇌의 20~25W와는 힘의 차이가 너무나 크다. 이 힘의 차이가 계산 등에 소요되는 시간차나 정확성의 차이로 나타난다. 기억력이 나쁘다거나 계산이 늦다고 비관하는 사람은 그것이 인간의 뇌의 기능이 특징이라는 점을 잘 인식하여, 더욱 자신을 가져야 할 것이다. 그러나 잠재적인 정보 용량이라는 면에서 뇌와 컴퓨터의 차이를 살펴보면 또 다른 이미지가 떠오른다. 이것을 비교하기 위한 단위가 컴퓨터의 능력을 나타내는 비트(Bit)이다. 알다시피 1비트는 컴퓨터가 정보를 처리할 때의 최소 단위로서 현재 인간이 만들 수 있는 최대 컴퓨터에서도 그 정보 용량은 1011비트, 즉 1000억 비트 정도로 어림되고 있다.

그러나 인간의 뇌가 지니는 잠재적인 정보 용량은 2×1018비트, 즉, 200경(京)비트이다. 케이힐 등은 1020비트로까지 추산하고 있다. 아무리 적게 어림잡아도 인간의 뇌는 최대 컴퓨터의 100만 배 이상의 정보 용량을 지니고 있으므로, 인간의 뇌가 지니는 능력의 위대함에는 새삼스레 놀라지 않을 수 없다.

그러나 뇌가 통상적으로 사용할 수 있는 에너지는 20~25W의 저출력이기 때문에 인간은 자기의 뇌가 지니는 거대한 정보 용량을 십분 활용하지 못하고 있는 것이 사실이다. 바꿔 말해서 뇌의 출력을 더욱 증대시키는 방법을 찾을 수만 있다면, 그만큼 뇌의 회전도 빨라진다는 말이다. 여기에 뇌의 에너지원으로서 포도당을 끊임없이 공급해야 하는 이유가 있다.

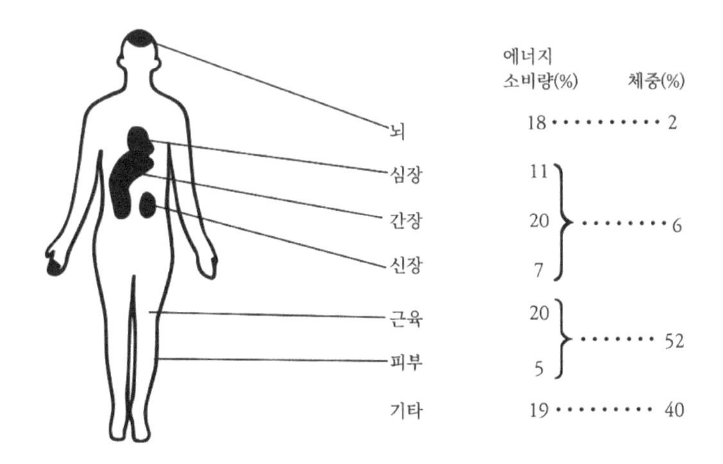

그림 1-4 | 안정 상태에서의 기관별 에너지 소비율
〔아쇼프(J. Aschoff)와 베버(R. Wever)에 의함〕

그러면 뇌가 어느 정도로 에너지의 대식가인지를 알아보기 위해 신체의 다른 기관과 에너지 소비량을 비교하여 보자.

좀 오래된 데이터이지만 〈그림 1-4〉에 안정한 상태의 성인 남자의 기관별 에너지 소비량을 나타낸다. 그에 따르면 뇌의 무게는 체중의 불과 2%에 지나지 않는데도, 에너지 소비량은 몸 전체의 18%를 차지하고 있다. 겨우 50분의 1인 부분에 전체의 5분의 1이나 되는 에너지가 소비되고 있다.

또, 근육과 피부를 합치면 그들 무게는 체중의 52%나 된다. 그런데도 에너지의 소비량은 불과 25%에 지나지 않는다. 얼마나 뇌가 작은 '신체'에서 큰 '소비'를 하고 있는지를 알 수 있을 것이다.

심장, 간장, 신장 등 생명 유지에 필수 불가결한 중요한 장기만 하더라도 중량은 모두 합쳐 뇌 무게의 3배인데도, 에너지 소비량은 뇌의 2배에 지나지 않는다. 어쨌거나 단위 중량당 에너지 소비량은 뇌에 필적할 만한 장기가 없다.

'가진 것'도 없고, 재생도 못하고

서두에서 뇌는 3대 영양소 중 유일하게 포도당밖에는 에너지원으로서 이용하지 않는다는 점을 강조했다. 포도당은 주로 익은 포도에 많이 들어 있으므로 포도당으로 불려왔으나 전문 용어로는 글루코스(Glucose)나 덱스트로오스라고 부르고 있다. 대부분은 곡류, 감자류 등의 녹말 형태로 섭취되어 구강과 위, 십이지장에서 포도당으로 분해되어 소장에서 흡수된다.

생리학에 숙달한 사람이라면 포도당을 유일한 에너지원으로 이용하고 있는 기관이 뇌 이외에도 있다는 것을 알지도 모른다. 부신 수질(副腎髓質), 적혈구, 정소(精巢), 골격근을 구성하고 있는 백근(白筋) 등이 그런 것의 대표적인 기관이다.

그러나 이들 기관과 뇌는 다 같이 포도당을 에너지원으로 사용하지만 그 방법에는 큰 차이가 있다. 즉, 다른 기관에서는 포도당이 주로 산소를 사용하지 않고 혐기적(嫌氣的)으로 분해되는 반응이다.

이 차이는 매우 의미가 크다. 왜냐하면 혐기적으로 분해된 포도당은 젖산(乳酸)으로 바뀌는데, 호기적(好氣的)으로 분해된 포도당은 이산화탄소와 물로 되어 버리기 때문이다.

젖산은 간장이나 신장으로 수송되어 다시 포도당으로 만들어 질 수 있다. 이 현상을 '당신생(糖新生)'이라 한다. 즉, 뇌 이외의 기관에서는 한 번 사용한 포도당도 재생시켜 재활용할 수 있다. 마치 폐지를 수집하여 재생시키는 것과 같다.

그러나 뇌에서는 그렇게 안 된다. 뇌에서 사용된 포도당은 이산화탄소와 물이라는 최종 산물로 변하여 체외로 배설되기 때문이다. 즉, 한 번만 사용하고 버리는 셈이다. 에너지 소비 면에서 보아 포도당을 뇌로 끊임없이 공급해야 하는 두 번째 이유가 여기에 있다.

포도당은 체내로 흡수되면 일단 저장형 글리코겐이라는 물질로 바뀌어 주로 간장이나 근육에 저장된다. 그러나 뇌에 저장할 수 있는 글리코겐 양은 뇌 무게의 겨우 0.1%에도 미치지 못한다. 즉, 가진 것이 없다. 그래서 뇌에 필요한 포도당은 항상 혈액 중에서 공급해 주어야 한다.

웬만큼 큰 병이 아닌 한 통상, 혈액 중의 포도당 농도, 즉 혈당 농도는 거의 일정하게 유지되고 있다. 이른바 '호메오스타시스(Homeostasis, 신체 내부 환경의 항상성)'라고 불리는 현상의 전형적인 것이다. 그러나 왜 혈당 농도가 호메오스타시스를 유지해야 하는지 진짜 이유에 정확하게 대답할 수 있는 사람은 적다. 이 현상은 뇌에 끊임없이 에너지를 공급해야 할 필요성에서 생긴 신체의 방위기구로 설명할 수 있다.

'세 끼' 식사의 중요성

뇌는 포도당의 공급에 대해 특히 민감하게 되어 있다. 뇌로 가는 혈류를 3분 정도 멈추기만 해도 신경 세포가 변성되어 재생되지 못한다.

자세한 얘기는 생략하지만 뇌에 포도당을 원활히 공급하기 위해서는 간장에 저장된 글리코겐에 의지할 수밖에 없다. 그러나 간장의 저장량은 약 60g 전후다. 또 뇌가 하루에 소비하는 500cal라는 에너지양을 포도당으로 환산하면, 포도당 1g이 약 4cal이므로, 하루에 약 125g이 필요한 것으로 계산된다.

그래서 만약 한 끼의 식사 때마다 같은 양의 당류를 흡수하여 매번 60g의 글리코겐을 간장에 저장시켰다고 하자. 이 글리코겐은 뇌 이외의 기관, 즉 적혈구나 정소에도 나누어 공급해야 하기 때문에 거기서 산출된 젖산이 다시 글루코스로 재생된다고 하더라도 양이 꽤나 줄어들기에 뇌가 흡수하는 몫도 훨씬 줄어든다. 가령 40g의 글리코겐이 뇌에 돌려졌다고 가정해 보자.

뇌가 필요로 하는 하루 120g의 포도당을 어김없이 공급하는 데는 120÷40=3, 즉 하루 최저 세 끼의 식사를 취해야 된다는 계산이 된다. 이렇게 간단한 계산으로도 하루 세 끼를 먹는 식습관이 성립된 사정을 설명할 수 있다.

그러나 하루 세 끼의 식사를 엄격히 취해야 하는 이유는 다른 데도 있다. 그 점에 대해서는 3장에서 설명하겠다. 어쨌든 여기에서는 뇌의 에너지 소비 면에서 볼 때 올바른 식습관의 재검토가 필요하다는 점을 강조해 둔다.

4. 뇌의 기능을 높여 주는 영양은 무엇인가?

뇌의 단백질 대사는 근육의 2배 이상의 속도

정보영양학의 목적은 뇌를 활성화하여 그 기능을 향상시키기 위해서는 어떤 종류의 영양을 어떤 방법으로 섭취하면 좋으냐를 찾아내는 데 있다. 지금까지는 뇌에 대한 에너지 공급에 집중하여 포도당의 중요 역할을 소개하였다(포도당의 보급에는 에너지 측면뿐만 아니라 다른 관점에서도 매우 큰 의미가 있으나, 그에 대해서는 차츰 언급하기로 한다).

뇌에 많은 에너지를 공급한다는 것은 부분적이든 전체적이든 간에 뇌 기능의 활성화와 연결되는 일이다. 그러나 뇌의 특정 부위, 예컨대 학습을 위해나 해마(海馬)라든가, 의식을 지배하는 전두전야(前頭前野) 등의 부위의 기능을 특이적으로 높여 주거나 낮추거나 하는 것은 신경 정보의 운반체인 생체 정보 물질의 역할이다. 여기에서 생체 정보 물질이란 글자 그대로 생물의 체내에서 정보를 전달하기 위해 사용되는 화학 물질 일반을 말하며, 크게 나누면 신경 전달 물질, 활성 펩타이드, 호르몬, 세 종류가 있다. 펩타이드는 소형 단백질로서 불과 몇 개의 아미노산으로 구성되는 단백질을 말한다. 다만 위의 세 가지 분류법은 역사적인 것으로서, 그중 펩타이드에는 신경 전달 물질로 분류되는 것도 있고 호르몬으로 분류되는 것도 있다. 또 호르몬은 혈액으로 운반되는 생체 정보 물질을 가리킨다.

이들 정보 물질은 모두 목표로 하는 세포 표면에 존재하는 수용체에 정보를 전달하자마자 즉시 대부분이 분해되거나 또는 수용체로부터 유리되어 배설된다. 그중에는 재합성되어 원래의 물질로 되돌아가는 것도 있으나 원칙적으로 정보 물질은 항상 '정보를 섭취할' 필요가 있는 것이다.

또 뇌 자체를 구성하고 있는 세포의 재료, 예컨대 세포벽 등의 재료도 항상 보급해 주지 않으면 안 된다. 이렇게 말하면 고개를 갸웃거릴 사람도 있을 것이다. 일단 형성된 뇌세포는 몇 년이고 몇십 년이고 간에 남아 있는 게 아닌가, 또 뇌세포는 없어지지 않는다고 하지 않는가? 뇌세포는 한 번 파괴되면 재생되지 않는다고 들은 적이 있는데… 하고 말이다.

확실히 중추 신경계의 세포는 한 번 손상되어 파괴되면 원래의 형태로 재생될 수가 없다. 그 점에서 신체의 다른 부위의 세포나 같은 신경 세포라고 하더라도 말초 신경에 있는 세포와는 큰 차이가 있다. 그러나 뇌라고 하더라도 세포의 구성 물질은 항상 신진대사를 반복하고 있다. 예컨대 신경 전달 물질의 수용체나 이론 채널, 포도당이나 아미노산의 수송체 등은 모두 단백질이며, 세포를 형성하고 있는 세포막이나 핵막도 단백질이나 지방으로 형성되어 있다. 그것들은 시시각각으로 치환되어 곧 세포가 '살아 있다'는 증거가 된다.

세포 안에서 반복되고 있는 이 단백질의 합성과 분해를 단백질의 대사회전(代謝回轉)이라고 한다.

단백질의 대사회전 속도는 부위에 따라 상당한 차이가 있다. 유감스럽게도 인간에 대한 믿을 만한 데이터는 아직 얻지 못하였기 때문에 여기서는 쥐를 사용한 실험 결과를 제시한다.

단백질의 대사회전 속도는 각 기관의 단백질의 반감기, 즉 최초의 단백질이 분해되어 절반으로 감소되기까지의 시간으로써 측정할 수 있다. 반대로 생각하면 외부로부터 단백질의 구성 재료를 보급받아 반감기와 같은 속도 이상으로 합성이 이루어지지 않는 한, 해당 기관의 단백질의 전체량이 감소하는 것은 확실하다.

그런데 쥐의 체내 기관 중 단백질의 반감기가 가장 짧고, 대사회전 속도가 빠른 것은 간장이다. 즉, 불과 하루도 채 되기 전에 간장을 구성하고 있는 단백질은 절반이 교체된다.

두 번째로 신장이 1.7일, 세 번째로 심장이 4.1일, 뇌는 네 번째로 4.6일이 걸린다. 간장이나 신장에 비하면 뇌의 대사회전은 속도가 느린 듯이 보이지만, 근육의 10.7일에 비하면, 2배 이상의 속도로 단백질을 보급해야 한다.

이처럼 세포가 살아 있는 한 어느 기관이나 단백질은 끊임없이 돌아다녀야 할 운명에 놓여 있으며, 그 화학 변화의 과정에서 아미노산으로까지 분해된다. 물론, 아미노산으로부터 다시 원래의 단백질이 합성된다면 외부로부터 음식물을 보급해 줄 필요는 없다.

그러나 그렇게 해서 생긴 아미노산의 일부도 다시 효소에 의해 다른 것으로 분해된다. 결국 살아 있는 한 단백질의 감량은 피할 수가 없다. 이것이 음식물을 통해서 외부로부터 단백질을 보급하지 않으면 안 되는 커다란 이유의 하나다.

이상은 쥐에 대한, 더욱이 단백질만의 결과였으나 원칙적으로는 인간에 대해서도 또 다른 영양소에 대해서도 마찬가지 일이 일어나고 있는 것으로 생각하면 된다.

지방을 잊지 말자

지방에 대해서는 특히 잘못 알고 있는 경우가 많기 때문에 주의가 필요하다.

지방, 특히 콜레스테롤을 함유한 음식은 비만이나 심장질환의 원인으로 몸에는 백해무익한 것으로 믿고 있는 사람이 많다. 더욱이 우리는 '몸에 나쁜 게 머리에 좋을 리가 없다'고 생각하기 쉽다.

그러나 실제로 지방은 단백질 못지않은 뇌의 중요한 영양소이다. 예컨대, 인간의 뇌를 말려서 무게로 달아보면 약 40%가 단백질인데, 지방이 지니는 비율은 약 50%로 단백질을 웃돌고 있다. 이 사실 한 가지만을 보더라도 지방이 뇌에 얼마나 중요한가를 알 수 있을 것이다.

지방은 특히 신경 임펄스(전기 신호)를 효율적으로 전달하는 역할을 한다. '미엘린 초(鞘)'〔돌기가 없는 글리아 세포가 축색(軸索)을 감싸고 있는

뇌의 절반은 지방분

것]에서는 지질의 중량비가 약 80%나 된다. 게다가 그중 50%는 악명 높은 콜레스테롤이다. 또 지질은 뇌뿐만 아니라 다른 모든 기관에서도 세포막의 구조와 기능을 유지하는 매우 중요한 물질이다.

콜레스테롤과 뇌의 관계는 6장에서 자세히 설명하겠지만 우선 여기에서는 먼저 콜레스테롤은 뇌의 신경 세포나 글리아 세포의 세포막을 형성하는 중요한 성분이라는 점을 간과해서는 안 된다. 그러므로 이 콜레스테롤의 과잉 섭취를 겁내는 것은 도리어 '백해무익'한 것이라고 할 수 있다.

단, 실제로는 음식물로부터 섭취한 콜레스테롤이 그대로 뇌에서 사용되는 것은 아니다. 콜레스테롤이 혈액-뇌관문을 통과할 수 있다는 증거가 전혀 없었기 때문이다. 그렇다면 뇌 속의 콜레스테롤은 무엇에서 합성되었을까?

그것은 바로 포도당이다. 포도당은 단지 뇌의 에너지원이 될 뿐만 아니라, 뇌세포막을 형성하는 지질을 합성하는 재료로도 효과적으로 사용되고 있다.

그뿐이 아니다. 수많은 신경 전달 물질 중에서 글루탐산, 아스파라긴산과 같은 비필수 아미노산의 합성 시 포도당이 한 성분으로서 중요한 역할을 한다. 또, 아세틸콜린도 포도당으로부터 만들어진 활성 초산(아세틸CoA)과 외부에서 공급된 콜린으로부터 합성된다. 그러므로 뇌에는 '생존을 위한 양식'으로서 없어서는 안 될 물질이다.

전달 물질이라는 '정보원'

지금까지 1장에서 설명 없이 사용해 온 신경 전달 물질(Neuro Transmitter, 단순히 전달 물질이라고도 한다)에 대해 뇌의 영양학적 관점에서 간단히 설명하겠다. 그러기 위해서는 순서가 뒤바뀌지만 신경 세포의 구조와 정보 전달에 관한 메커니즘을 먼저 살펴보아야 한다.

신경 세포는 일반적으로 세포체와 거기서부터 뻗어나가는 한 가닥의 축색과 세포체로부터 다방향으로 뻗는 수상돌기의 세 부분으로 이루어져 있다. 발신된 신경 세포의 신호 방향은 항상 세포체로부터 축색, 즉 중심에서부터 말단으로 향하고, 수신 방향은 반대로 말단의 수상돌기로부터 중심의 세포체로 향한다. 즉 축색은 발신 신호의 통로이며 반대로 수상돌기는 세포체 표면과 더불어 수신용의 수용 표면으로 되어 있다.

정보가 한 신경 세포로부터 다른 신경 세포로 전달되기 위해서는 한쪽 축색 끝이 다른 세포의 수상돌기와 접해야 한다. 이 연락 부분은 시냅스(Synapse, 신경 접합)라는 특별한 구조를 형성하여 정보가 외부로 누설되지 않게 폐쇄적인 공간을 형성하고 있다(그림 1-5).

한 신경이 흥분하면 그 전기 신호가 세포체로부터 축색을 통과하여 축색 말단까지 다다르며, 거기서부터 그 신경 특유의 화학 물질을 시냅스 공간 안으로 방출한다. 한편, 시냅스의 반대쪽에 있는 수용측 신경의 수상돌기 쪽에는 이 화학 물질만을 인식하는 수용체가 존재한다. 그리고 방

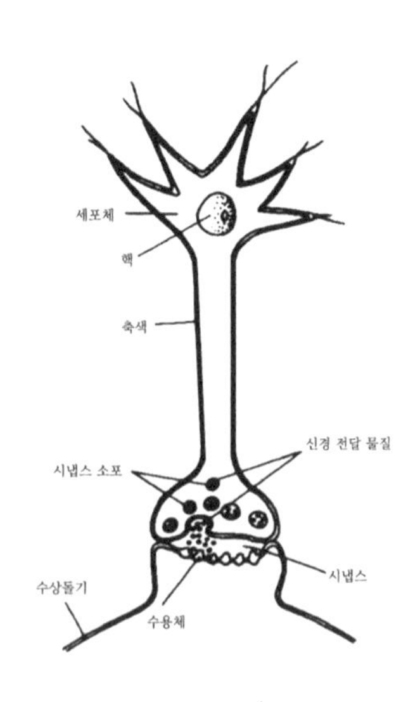

그림 1-5 | 시냅스에서의 정보 교환 메커니즘

출된 화학 물질을 이 수용체가 포착하면 열쇠와 열쇠 구멍의 원리로 수용체와 결합하여 화학 반응을 일으키고, 그 반응이 이번에는 반대로 수상돌기로부터 중심으로 향하는 전기 신호가 되어 세포체로 전달된다.

신경 전달 물질이란 바로 여기서 말한 시냅스 공간에 방출되는 화학 물질을 말한다. 역사적으로 가장 널리 알려져 있는 것은 아세틸콜린과 노르아드레날린이다. 이들은 아미노산으로 복잡하게 만들어진 모노아민(Monoamine)계라고 불리는 전달 물질인데, 중추 신경계에서는 아미노산 계열의 신경 전달 물질의 종류가 많다. 한때는 한 가닥의 축색으로부터는 한 가지의 신경 전달 물질만이 방출되며, 따라서 하나의 시냅스에는 하나의 신경 전달 물질이 대응해 있는 것으로 생각하고 있었으나, 현재는 여러 개의 신경 전달 물질이 하나의 신경 세포에 공존하고 있는 사실이 확인되었다.

또, 신경 정보의 전달 방법에는 다른 신경 세포를 흥분시키는 법과 반대로 억제하는 방법 두 가지가 있다. 흥분이든 억제든 이런 정보가 각 시냅스로부터 동시에, 또는 순차적으로 보내지는 셈인데, 예컨대 사람의 대뇌 피질이 있는 신경 세포에는 시냅스의 수가 한 세포당 4만 개나 이른다. 소뇌에 있는 푸르키네(Purkinje) 세포의 경우는 한 세포당 10만 개라는 방대한 수가 된다.

따라서 하나의 신경 세포는 이러한 무수한 시냅스로부터 받은 흥분과 억제의 정보를 순식간에 종합, 판단하여 자신의 신경 전달 물질을 방출할 것인지, 아닌지를 결정하고 있다. 뇌에는 약 1조 개의 신경 세포가 있고,

그것들이 방대한 수의 시냅스를 통해서 복잡한 신경 회로를 형성하고 있기 때문에, 뇌 내부에서의 정보 교환은 엄청나게 복잡해져서 현재의 과학으로는 도저히 감당하기 어려운 것처럼 생각될 것이다.

그러나 실제는 뇌 안의 어느 장소에 존재하는 신경 세포군의 축색은 다발로 뻗어 있으며, 그것들은 다시 어느 특정 장소의 세포군과 시냅스를 형성하고 있다. 이 때문에 후자인 세포군의 기능을 알게 되면 전자의 세포군으로부터 방출되는 신경 전달 물질의 역할도 저절로 결정된다. 즉, 그 신경 전달 물질을 투여함으로써 그 기능을 조절할 수 있지 않을까 하는 기대를 가질 수 있게 된다.

이 메커니즘을 응용하여 뇌의 특정 부위의 기능을 향상시키거나 저하시키는 일이 정말로 가능할까? 이 점이 뇌 영양학의 최대 과제의 하나이며, 그 대답은 2장에서부터 차례로 살펴보기로 한다.

2장

이런 음식으로 머리가 좋아진다
[뇌기능을 활성화하는 영양소]

1. 단백질의 재점검

뇌의 대부분은 단백질

'하루 한 끼는 쌀밥을 먹지 않으면 먹은 것 같지 않다'고 하는 사람은 나이 든 사람들일 것이다.

요즈음 뉴패밀리(New Family)라고 불리는 세대에서는 '아침은 언제나 빵'이라는 가정이 늘어나고 있다. 점심은 거리의 즉석식품으로 때우고, 저녁에는 패밀리 레스토랑에서 비프스테이크나 햄버거를 먹는 게 '건강'하고 '현대적'인 식습관으로 믿고 있다.

이런 젊은 사람들에게는 된장국이니 청국장, 죽순찜 같은 전통적인 반찬은 '고리타분'할 뿐더러 영양가가 낮은 음식으로 보일 것이 틀림없다. 주식만 하더라도 '빵이 쌀보다 소화가 잘되고 영양가도 있다'고 믿는 경향이 있다.

대표적인 게 커피다. '맛을 아는 사람'은 당연히 블랙으로 마신다. 설탕은 커피의 참맛을 약화시킬 뿐더러 성인병의 원인이 된다는 '상식'이 버젓이 통용되고 있다.

또, 콜레스테롤이 많이 함유되어 있다는 달걀은 건강에 나쁘다고 하여 하루에 한 개로 제한하거나, 반대로 건강과 미용에 좋다고 하여 무턱대고 비타민 C를 섭취하는 사람도 있다. 붐을 이루고 있는 건강식품 중에는 '머리가 좋아진다'고 들먹이는 것도 적잖이 있어 이 책의 주제와도 관계가 있다.

그래서 2장에서는 항간에 널리 믿고 있는 현재의 영양 상식을 뇌의 영양학적 입장에서 재점검하고, 더불어 어떤 음식이 뇌의 기능을 활성화시키는지 살펴보기로 한다.

먼저, 뇌 영양의 최대 요소로 지목되는 단백질의 재점검에서부터 시작하기로 하자.

단백질이 몸에 얼마나 중요한가는 새삼 언급할 필요가 없다. 이 점은 뇌에 대해서도 마찬가지이다. 실제로 뇌의 구조나 기능의 대부분이 단백질에 의존하고 있다.

예컨대, 신경 전달 물질의 합성 소재를 만들어 내는 데에 없어서는 안 되는 효소류는 모두 단백질이다.

또, 세포막 표면에 존재하여 신경 전달 물질을 특이적으로 인식하는 수용체도 단백질로 이루어져 있다. 그뿐만 아니라 어떤 신경 전달 물질이 수용체에 결합하자마자 그 정보는 G단백질이라고 불리는 몇 종류의 단백질에 의해 세포 내의 신호 발생 기구로 전해지는 메커니즘이 작용하고 있다.

또, 신경 세포는 외부로부터 나트륨, 칼슘, 칼륨 등의 이론을 도입할 필요도 있으며, 이들 이온의 진입로가 되는 이온 채널도 단백질로 이루어져 있다. 포도당이나 각종 아미노산이 혈액-뇌관문을 통과할 때의 전용

'승용차'인 수송체도 물론 단백질로 이루어져 있다.

이처럼 신경 정보의 수수(授受)에 관해서만은 다종다양한 단백질이 관여하고 있다. 이 밖에 인체에서도 뇌 안 이외에 존재하지 않는 미엘린(Myelin)이나 시냅신(Synapsin)이라는 단백질 등 뇌에서의 단백질의 중요성은 헤아릴 수 없을 만큼 많다.

아미노산도 뇌의 안팎에선 중요도가 다르다

그러나 뇌는 그토록 단백질을 필요로 하고 있음에도 혈액-뇌관문을 방패 삼아 외부로부터 공급되는 단백질을 간단하게 통과시키지 않는다. 그러므로 원칙적으로 뇌는 필요로 하는 단백질을 자기 자신이 아미노산으로부터 합성하지 않으면 안 된다.

자연계에 있는 단백질의 종류는 무수하지만 그 대부분이 불과 20종류의 아미노산으로 형성되어 있다. 이 중의 약 절반에 해당하는 11종류의 아미노산은 통상 사람의 체내에서 합성할 수 있다.

그러나 나머지 9종류의 아미노산(발린, 류신, 이소류신, 트레오닌, 메티오닌, 라이신, 트리토판, 페닐알라닌, 히스티딘 등)은 사람의 체내에서는 합성되지 않기 때문에 반드시 음식물을 통해 섭취해야 한다. 그 때문에 이 9종류의 아미노산은 '필수아미노산'이라고 한다.

옛날 교과서 중에는 히스티딘을 필수 아미노산에 포함시키지 않고 8종류로 쓴 것도 있다. 히스티딘을 제외했던 것은 일찍이 사람에게는 성장기에만 아미노산이 필요한 것으로 생각하고 있었기 때문이다. 그러나 최근에는 대부분의 학자가 히스티딘을 필수 아미노산으로 분류하고 있다.

필수 아미노산은 비록 한 종류라도 만성적으로 결핍되면 중대한 장해를 일으킨다. 예로서 체중 100~120g의 젊은 쥐를 키우는 데 필수 아미노산이 적은 글루텐이라는 밀단백질을 단백질원으로 하여 사육하면 성장이 완전히 멈춘다. 사료 속에 비타민이나 염류를 충분히 첨가해 주어도 글루텐만으로 사육하면 결과는 마찬가지로 전혀 성장하지 않는다. 글루텐 속에 필수 아미노산인 라이신과 트레오닌이 부족한 것이 그 최대 이유다.

이에 대해 체내에서 합성할 수 있는 11종류의 아미노산은 '비필수 아미노산'으로 불린다. 그러나 이 말을 곧이곧대로 믿고 '그런 것은 섭취하지 않아도 된다'고 생각하는 것은 큰 잘못이다. 왜냐하면 체내에서의 필수 아미노산의 대사 속도는 일반적으로 느리기 때문에 필수 아미노산만 함유된 음식만 계속해서 먹게 되면, 비필수 아미노산의 합성에 필요한 원료를 충분히 공급할 수 없기 때문이다. 즉 '비필수'의 영양학상의 의미는 결코 '불필요'를 의미하는 것이 아니다.

특히, 뇌의 영양에 관한 한 일반적인 비필수 아미노산을 '불필요' 시하는 데에는 더 큰 문제가 있다. 신체에서의 필수, 비필수와 뇌에서의 필수, 비필수에는 커다란 차이가 있기 때문이다.

예컨대 아르기닌이라는 아미노산은 몸속에서도 합성되므로 비필수 아미노산이다. 그러나 이 합성 반응의 열쇠를 쥐고 있는 오르니틴-카바모일트랜스퍼라아제(Ornithine Carbamoyltransferase)라는 효소는 간장에만 존재하고 뇌 안에는 존재하지 않는다. 따라서 몸에서는 비필수 아미노산인 아르기닌도 뇌 안에서는 필수 아미노산이 된다.

또 하나의 비필수 아미노산인 티로신에 대해서도 마찬가지이다. 티로신의 합성 반응을 촉매 하는 페닐알라닌 수산화 효소라는 효소가 간장에만 존재하기 때문이다. 그러므로 티로신도 뇌 안에서는 비필수 아미노산으로 되어 있다. 특히 티로신은 도파민, 노르아드레날린, 아드레날린 등의 카테콜아민류의 신경 전달 물질을 합성하는 전구체가 되므로 뇌에 공급하는 데는 더욱 신경을 써야 한다.

그러면 다음에는 구체적인 식품을 예로 들어 뇌에 대한 식품 단백질의 의의를 살펴보기로 하자.

쌀에 대한 가공할 오해

최근 미국에서는 미식(米食)이 크게 유행하고 있다고 한다. 지금 남아도는 쌀을 수출하기 힘들어져 다른 나라에 쌀의 수입 자유화를 강요하다시피 하고 있지만, 자칫하면 미국 내의 쌀이 동나 버릴지도 모를 미식 붐이 일고 있다. 미국인들이 쌀을 많이 먹게 된 것은 건강과 장수를 누리고자 하는 열망에서 자연 발생적으로 번진 현상이다.

그러나 쌀을 주식으로 하는 일본에서는 반대로 미식 감소 현상이 일어나 빵을 먹는 사람들이 많아졌다. 그 배경에는 쌀과 단백질에 대한 오해가 있는 것으로 생각된다. 즉 쌀에 함유되는 영양소는 당류뿐이어서, 필

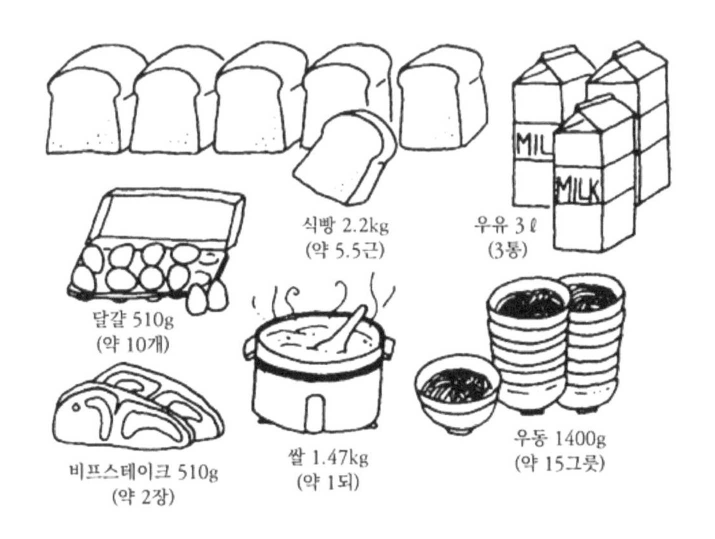

그림 2-1 | 단백질의 1일 소요량(로즈에 의함)

수 아미노산을 대량으로 함유하는 양질의 단백질을 섭취하는 데는 육식이 가장 좋다고 하는 오해이다.

단백질의 섭취 기준은 지금까지 미국의 영양학자 로즈(W. C. Rose)가 제안한 필수 아미노산의 1일 안전 필요량에 접근하도록 지도하여 왔다. 그러나 로즈가 무엇을 근거로 이 양을 제안했는지에 대해서는 거의 알려져 있지 않기에 간단히 설명해 둔다.

로즈는 미국의 남학생들로부터 지원자를 모집하여 그들에게 히스티딘을 제외한 8종류의 필수 아미노산을 다른 영양소와 함께 섭취시켰다. 그리고 섭취시킨 음식물에 포함된 총 질소량과 대소변으로 배설된 총 질

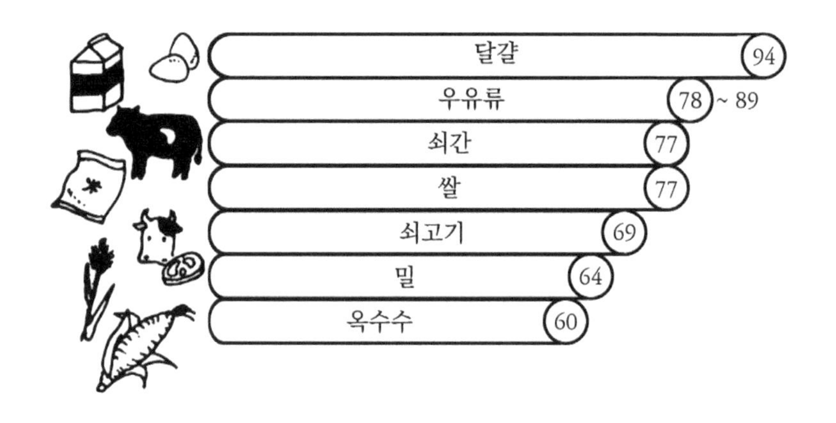

그림 2-2 | 여러 가지 단백질의 생물가

소량을 측정하여 그 차이를 계산하였다.

이처럼 영양가를 결정하는 방법을 '질소 평형법'이라고 한다. 즉, 섭취한 양에서 배설된 양을 뺀 것이 플러스가 되면 그 몫의 질소를 함유하는 아미노산이 체내에 흡수, 축적된 셈이 된다. 이 방법을 사용하면 어느 일정 아미노산을 줄여도 질소 평형이 마이너스가 되지 않는 한곗값을 얻는다. 그러나 실제로는 피험자의 각 개인 차에 의해 실험치가 일정하지 않기 때문에, 로즈는 안정성을 충분히 감안하여 실험 대상자 중에서도 상한치를 취하고, 너욱이 그 값을 두 배로 한 값으로써 필수 아미노산의 1일 안전 필요량을 정했다. 1945년의 일이다.

그러나 이것은 꽤 오래 전의 실험인 데다 더욱이 당시의 미숙한 기술을 반영, 부적절한 아미노산이 사용되기도 하여 현재는 미국의 영양학자들 사이에서도 로즈의 기준량은 너무 높다는 반성이 일고 있다.

쌀이나 식빵, 국수와 같은 당류 덩어리로 생각되기 쉬운 식품에도 적잖은 양의 단백질이 함유되어 있다. 이를테면 그런 단백질에만 의존하는 식생활을 할 경우, 로즈의 기준에 따라 계산하면 터무니없이 높은 수치가 나타난다. 식빵에서는 1일당 2.2kg, 국수에서는 4.4kg, 쌀은 1.47kg이라는 계산이 나온다. 다만 우선은 식빵이나 국수보다 쌀의 양이 적은 점은 주목할 만하다.

1935년 일본 사람의 쌀 섭취량을 조사한 통계가 있는데, 그것에 의하면 당시의 농사를 짓는 성인 남자가 하루에 먹는 쌀 소비량은 5~6홉 정도였다고 한다. 당시의 일본인의 체격이나 현재의 기준량으로 미루어 보더라도 로즈의 기준량의 절반이면 충분하므로 그들은 하루에 필요한 단백질의 거의 모두를 쌀에서 섭취하고 있었던 셈이다.

또 다른 관점에서 여러 가지 식품이 지니는 단백질의 영양학적 우열을 비교해 보면 쌀에 함유된 단백질이 얼마나 뛰어난 것인지 알 수 있다. 그 관점이란 '생물가(生物價)'라고 불리는 것으로 같은 양의 단백질을 섭취할 경우, 얼마나 많은 질소가 체내에 축척되느냐 하는 비율을 비교하기 위해 금세기 초에 고안된 방법이다.

생물가는 100을 최곳값으로 하여 값이 높을수록 축적량이 많다. 따라서 더 좋은 단백질임을 가리키고 있다. 동물성 단백질과 식물성 단백질을 비교하면, 일반적으로 식물성 단백질보다 동물성 단백질이 생물가가 높다. 쌀 단백질의 생물가는 77로 소의 간과 동일한 값이다. 그리고 쇠고기의 69보다 높다. 그에 비해 빵의 원료인 밀 단백질의 생물가로는 64로 훨씬 낮다(그림 2-2).

빵의 영양학

쌀과 빵을 비교하는 기회에 유럽이나 미국식 식생활에서 빵의 영양학적인 면도 함께 비교해 보자.

음식물로 섭취된 육류는 소화, 흡수되어 아미노산으로까지 분해되지만 이들 아미노산이 체내에서 단백질로 재합성되기 위해서는 인슐린(Insulin)이라는 호르몬이 필요하다. 그러나 고기만 먹어서는 인슐린이 충분히 분비되지 않는다. 주머니를 털어 불고기를 먹어도 '피와 살로 활용'될 수는 없다.

그렇다면 인슐린을 효과적으로 분비시키기 위해서는 어떻게 하면 될까? 여기에 고기와 함께 먹는 빵의 참된 의의가 있다. 왜냐하면 빵에 함유되는 글루코스 등의 당류를 섭취하면 소화관 호르몬의 활동을 통해 췌장으로부터의 인슐린 분비가 효율적으로 이루어지기 때문이다.

그러므로 고기 요리에 따라 나오는 빵은 '인슐린 분비 신호'의 구실을 하고 있다. 풀코스에서도 수프 바로 다음에 빵이 나오고, 그에 이어 고기 요리가 나오는 게 보통이다. 빵을 먼저 먹음으로써 인슐린의 분비를 촉진시키는 이치를 따르고 있다.

그러나 우리에게는 육식을 모방하다가 고기는 빼고 빵만 먹는 습관이

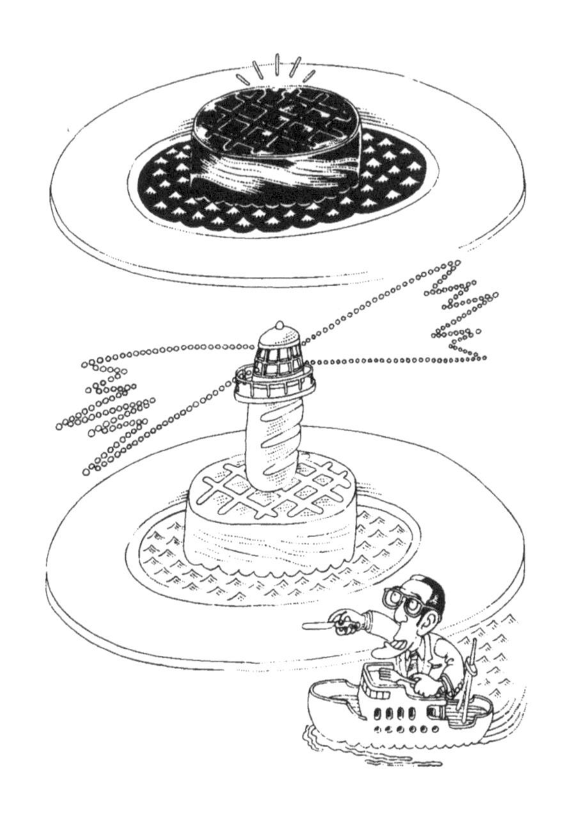

빵을 먹지 않으면 스테이크가 '피와 살'로 되지 않는다

생겼다. 빵에 잼이나 버터만을 발라 먹고 있다. 이래서는 인슐린 분비 신호만을 내고 말기 때문에 동화(同化)되어야 할 핵심적인 단백질이 부족하게 된다. 만약 단백질원으로서의 빵을 생각한다면 쌀의 단백질이 훨씬 좋다. 단백질이 모자라면 뇌의 기능을 활성화시킬 수가 없다. 필자가 잘못된 빵 섭취 습관을 재검토하고 전통적인 쌀을 주식으로 하는 식습관의 재

평가를 주장하는 이유의 하나도 여기에 있다.

또 인슐린의 분비 정도는 식사 시간, 즉 어느 때에 먹느냐하는 '먹는 방법'과도 밀접한 관계가 있다. 이 점에 관하여 3장에서 다시 인슐린과 신경 전달 물질과의 관계와 뇌에 대한 영향 등을 설명한다.

죽순은 정신을 항진시킨다?

'죽순을 먹으면 정신적 스트레스에 의한 긴장감에서 해방되어 뇌의 잠재 능력을 끌어내기 쉬워진다. 또, 고혈압이 완화되므로 두통, 현기증, 귀울림 등이 낫는다.'

이런 말을 들으면 '설마' 하고 생각하는 사람들도 많을 것이다. 한때 항간에 퍼졌던 '홍차 버섯'을 되새기며 '대학의 교수라는 사람이 정체도 모를 민간요법을 편든다'고 할지도 모른다.

그러나 여기서 권장하는 '죽순요법'은 하찮은 민간요법과는 다르다. 물론 죽순만 먹으면 머리가 좋아진다는 얘기는 아니며, 위의 말이 절대로 옳다고 고집할 생각도 없다.

요는 죽순같이 우리와 가까운 식품이라서 득도 없는 단순한 섬유질 덩어리쯤으로 생각되고 있는 것에도, 사실은 독특하고 우수한 단백질 성분을 함유하고 있다는 점과 그 성분은 뇌를 활성화시킬 가능성이 있다는 점이다.

그 가능성을 이해하기 위해서는 생체 활성 물질과 신경 세포의 복잡한 관계를 살펴보지 않으면 안 된다.

지금까지 여러 번 등장한 도파민, 노르아드레날린, 아드레날린이라는 신경 전달 물질은 뇌의 활동과 매우 깊은 관계가 있다. 이 세 종류의 물질을 묶어서 카테콜아민이라고 부르는데(카테콜에 아민기가 결합된 구조를 하고 있다) 이들의 주요 재료는 필수 아미노산인 페닐알라닌이 간장의 효소의 작용으로 변화한 티로신이나 음식물의 단백질로부터 직접 섭취되어 안으로 운반된 티로신이다.

세 종류의 카테콜아민 중 노르아드레날린은 뇌 내에서와 함께 교감 신경의 말단으로부터도 방출된다. 교감 신경이란 글자 그대로 전신의 감각을 교향곡처럼 뒤섞어서 분기(奮起)시키는 신경이라고 생각하면 된다. 우리가 아침에 눈을 뜨거나, '자! 이제부터 시작해 보자!' 하고 생각할 때 노르아드레날린이 분비된다. 즉 노르아드레날린은 전신을 각성시켜 분기시키는 신경 전달 물질이다.

한편, 아드레날린은 주로 부신 수질에서 분비되어 혈액 속으로 들어가 전신으로 보내진다. 이 때문에 아드레날린은 신경 전달 물질이라기보다는 호르몬으로 분류되어야 할 성질의 것이다.

뇌 내에는 아드레날린에 의존하는 신경 세포군인 '아드레날린 작동성 신경 세포'와 노르아드레날린에 의존하는 '노르아드레날린 작동성 신경 세포'가 존재하여 각기 특유의 각성 작용을 담당하고 있다. 여기에서 우선 문제로 삼고 싶은 것은 도파민을 신경 전달 물질로서 사용하고 있는 '도파민 작동성 신경 세포'이다.

도파민 작동성 뉴런(신경 세포)은 뇌의 시상 하부로부터 하수체(下垂體)

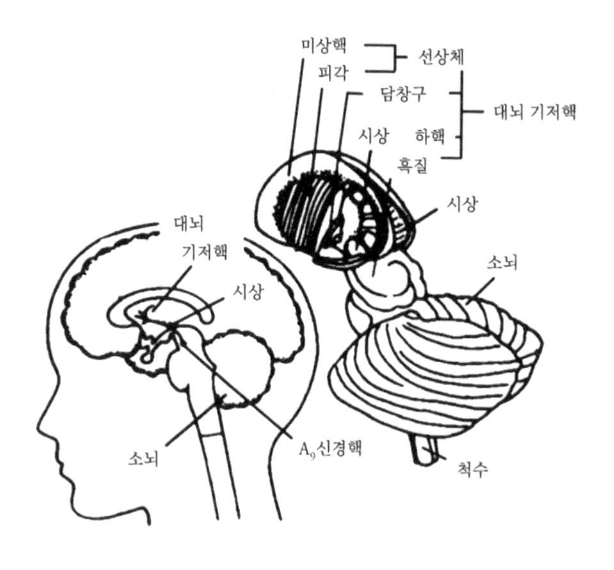

그림 2-3 | 흑질과 A_9 신경계

에 걸쳐 분포하며, 주로 하수체 호르몬의 분비에 관여하고 있다. 이 중 특히 흑질(黑質)이라고 불리는 A9신경핵으로부터 선조체(線條體)로 주행하는 것은 신체의 개시나 협조 능력과 관계되어 있다(그림 2-3).

예컨대, 앞에서 언급한 도파민의 결손으로 일어나는 파킨슨병은 이 도파민 작용성 신경 세포군의 특이적 기능 장해로 운동 실조와 근육 경직이 일어나 뒤에서 살짝 밀기만 해도 벽에 부딪칠 정도로 신체의 움직임이 부자유스럽게 된다.

파킨슨병의 치료에 도파를 투여하면 부작용이 일어난다. 티로신을 투여하려 해도 혈액-뇌관문의 메커니즘상 큰 문제점이 있다. 즉, 티로신이 뇌의 안으로 들어갈 때는 수송체를 이용해야 하는데, 그렇게 하면 티로신보다 혈중 농도가 훨씬 높은 발린이나 류신, 이소류신 등과의 경합에서 지고 만다.

따라서 이 문제를 해결하는 데는 발린, 류신, 이소류신 등의 혈중 농도를 어떤 방법으로든 상대적으로 낮춰 주어야 한다. 그 방법에는 두 가지가 있다. 하나는 당이 많은 음식물을 섭취하여 인슐린 분비를 촉진시키고 발린, 류신, 이소류신 등의 동화 작용(생체 물질로의 변환)을 촉진시켜 주는 일이다. 이같이 하면 다량의 티로신이 뇌 속으로 들어가게 된다. 이것은 동물 실험에서도 확인되었다. 두 번째 방법은 될 수 있으면 발린, 류신, 이소류신 등의 함량이 적고, 나아가 티로신의 함량이 상대적으로 많은 음식물을 선택하는 방법이다. 발린, 류신, 이소류신 등의 아미노산군은 특히 육류에 많아 고기를 먹은 직후에는 이 세 종유의 아미노산이 혈중 아미노산 농도의 50% 이상이나 된다.

그래서 등장하는 것이 죽순이다. 죽순에 함유된 단백질에는 티로신이 특히 많다. 죽순에는 일종의 독특한 '톡 쏘는 맛'이 있는데, 그 맛은 티로신에서 생기는 호모겐티딘산(Homogentisicacid) 탓이다. 이 사실은 나라(奈良)여자대학 교수였던 하세가와 씨가 발견했다. 또, 죽순 껍질에 묻어 있는 흰 가루는 티로신의 결정인 것 같다.

따라서 가끔은 육식을 피하고 약간 달게 절인 죽순을 반찬으로 먹으면 발린, 류신, 이소류신과의 경합이 완화되어 티로신이 혈액-뇌관문을 통과하기 쉬워질 것으로 기대된다.

이런 방법으로 뇌 내의 티로신 양이 증가하면 거기서부터 도파민이 합성되어 도파민 작동성 신경 세포도 활성화될 것이다. 그 결과, 운동을 할 때의 신체적인 협조성이 높아질 뿐더러 운동량도 증가해 운동선수에게는 적합한 식사 강화법이 될 수도 있다.

또 스트레스를 받은 동물의 뇌 안에 티로신이 존재하면 합성이 가능한 카테콜아민류의 농도가 비로소 두드러지게 낮아졌다는 실험 결과도 있다. 또 먹이에 티로신을 첨가시킨 동물은 강한 스트레스에 충분히 저항할 수 있었다고 보고한 논문도 있다.

가령, 이 실험 결과가 옳다고 치고 더욱이 인간에게도 같은 사실이 성립된다면 티로신을 많이 함유한 죽순은 스트레스에 강한 정신을 기르고, 뇌의 잠재 능력을 활성화시키는 데 매우 적합한 식품의 하나라고 할 수 있을 것이다.

머리가 나빠지는 단백질 섭취 방법

일반적으로 '단백질은 머리에도 몸에도 좋기 때문에 되도록 많이 섭취하는 게 좋다'는 영양 상식이 널리 퍼져 있다. 정말로 그럴까? 결론부터 먼저 말하면 단백질을 먹고 뇌를 활성화시키는 포인트는 단백질을 얼마나 먹었느냐는 것보다는 어떤 단백질을 어떤 비율로 먹었느냐는 질적 문제, 즉 각종 아미노산의 배합 비율이 더 중요하다.

그러므로 고기가 좋다고 해서 고기만 먹고, 죽순이 좋다고 하여 죽순만 먹는 편식형인 사람은 머리는 물론 몸에도 좋을 리가 없다. 특히 뇌의 발육기에 있는 유아가 아미노산의 불균형을 일으키면 지능 발달에 중대한 악영향을 미치므로 주의해야 한다(이는 단백질뿐만 아니라 다른 영양소와의 균형에 대해서도 마찬가지이다).

그래서 여기에서는 '머리가 나빠지는' 단백질 섭취 방법과 그와 관련되는 좀 으스스한 얘기를 소개한다.

먼저 '머리가 나빠지는' 단백질 섭취 방법으로 이야기는 간단하다. 당질이나 지방 등에 비해 단백질을 많이 섭취하면 된다. 돈 많고 맛있는 음식만 먹는 가정이라면 이대로의 방식을 계속하면 된다. 수험생이 있는 가정이라면 꽤나 돈이 들겠지만 그건 'Man is what he eats.'라고 생각해야 할 것이다.

그건 그렇다고 치고 단백질의 과잉 영양이 뇌의 활성화에 역효과를 가져다주는 단적인 실험 결과를 소개한다.

실험은 쥐를 세 그룹으로 나누어 단백질과 당의 비율을 적당히 변화시켜 조합한 동일 칼로리의 먹이를 주고 나서, 그 후에 나타난 학습 능력의 변화를 검토하였다. 단, 먹이에 함유된 지방의 양은 모두 동일하다. 또, 학습 능력은 전체적인 기억력과 판단력, 즉 연합 능력과 사물의 식별 능력의 두 가지 인자로써 측정하였다.

결과를 살펴보자. 연합 능력에 관해서는 단백질의 비율이 50%, 20%, 10%로 내려감에 따라서 연합 능력은 45%에서부터 63%, 82%로 거꾸로 상승한다는 사실을 알았다. 즉, 당을 많이 먹을수록 종합적인 학습 능력이

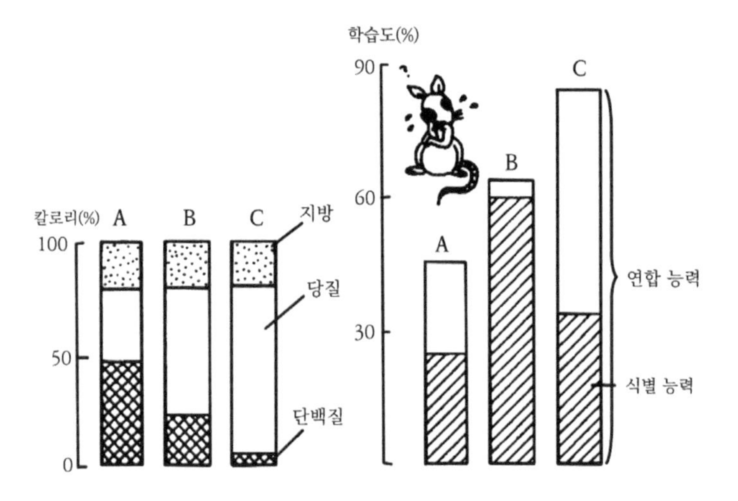

그림 2-4 | 음식물의 질과 학습 능력의 관계
칼로리를 나타낸 그래프 중 점 부분은 지방량(일정), 그물선 부분은 단백질, 흰 부분은 당류이다(J. 라트, 1967)

높고, 반대로 단백질의 양이 많아질수록 연합 능력이 낮아진다(그림 2-4).

식별 능력의 결과는 좀 더 복잡해서 중간 그룹이 최곳값인 60%를 나타내고 양 극단의 그룹은 25~32%로 낮은 결과를 나타내는데, 큰 차이가 없으므로 역시 당 중심의 식사 쪽이 약간 높아진다. 이 결과는 단백질 함량이 20% 전후일 때에 식별 능력의 최댓값을 얻는 것을 시사하고 있다.

그래서 연합 능력의 감량을 최저한으로 억제하면서 식별 능력을 가능한 한 증대시켜 나가기 위해서는 이 실험에서 단백질 함량을 10%와 20% 사이—예를 들어 단순히 중간점인 15%—에다 설정하는 게 가장 좋다고 판정할 수 있을 것이다.

현재 성장기의 아이들이 섭취하고 있는 단백질량을 살펴보면 식사 전체의 칼로리에 대한 단백질의 비율은 약 15%로 어림되고 있다. 이는 이상적인 영양 배분으로 되어 있다. 이 결과의 일치는 아마도 우연은 아닐 것이다. 아무리 그릇된 영양 상식이 판을 치고 있다고는 하나, 부모가 자기 자녀에게 '머리가 나빠지는' 식사를 권할 리는 없다. 경험 법칙이라고는 하나 어머니에게서 딸에게 대대로 전해 온 가정 요리에는 뇌의 영양학적 견지에서 볼 때 매우 우수한 영양 배분이 배려되어 있다.

따라서 보통 어머니가 만든 가정 요리를 편식하지 않고 매일 섭취하는 한 아이들의 뇌에도 골고루 영양이 미치고 있다고 해석해도 된다. 그러나 섣불리 욕심을 내어 '우리 애를 천재로 만들겠다'는 넘치는 의욕으로 고단백식을 지나치게 많이 먹이면 의도와는 반대의 결과를 나타내게 된다. 세상의 교육열에 들뜬 어머니들이여 조심하시라!

글루텐의 괴현상

이번에도 으스스한 얘기 하나.

선천성질환 중 하나에 소아의 지방변증(脂肪便症, Celiac)이라는 게 있다. 이것은 심한 설사와 불안, 억울증(抑鬱症) 등의 정신 증상을 수반하는 질환으로 빵 등에서 섭취한 밀의 글루텐이라고 하는 단백질이 직접적인 발병의 원인이다. 지방변증 환자의 소화관 안에는 글루텐을 분해하는 효소가 선천적으로 없다.

한편, 지방변증과 정신분열증의 발병률 사이에는 매우 깊은 관계가 있다. 이 결과로부터 도파민 등이 이 두 병 사이에 공통적인 유전적 소인을 가지며, 글루텐이 이들의 발병과 어떤 관계가 있지 않을까 하고 추측되었다. 이 주장은 그 후 임상적인 견지에서도 지지를 얻고 있다.

하지만 이 책을 읽고 있는 독자들 중에서 지금까지 '단백질은 아미노산으로까지 분해되지 않으면 혈액-뇌관문을 통과하지 못하는 것이 아니냐'라는 반론이 나올지도 모른다. 확실히 원칙적으로는 그렇다. 그러나 '모든 원칙에는 예외가 있다'는 것이 이 경우에 적용될 것 같다. 그것은 적어도 글루텐의 일부는 그대로의 형태로 혈액-뇌관문을 통과하고 있다는 사실이 방사성 동위원소를 사용한 실험으로 입증되어 있기 때문이다.

생각지도 못했던 데서부터 '글루텐의 괴현상'을 해명하는 힌트를 준 게 이른바 '뇌 내 마약 물질'의 발견이다. 즉, 뇌의 내부로부터 모르핀(Morphine)과는 전혀 다른 구조를 지니면서도 그와 같은 약 작용을 지니는 특수한 펩타이드가 발견되었다. 이 펩타이드(Peptide)는 '내재성 모르핀'이라는 의미에서 '엔도르핀(Endorphine)'이라고 명명했다.

지방변증이나 정신분열증이 나타나는 것은 소화관 속에서 글루텐이 모르핀 모양의 물질로 변환하기 때문이 아닐까 하는 추측이 생겼다. 클리(W. A. Klee) 등은 이를 확인하기 위한 실험을 통해 글루텐과 위 속의 단백질 분해 효소인 펩신이 반응하면 그 결과로 엔도르핀과 전혀 구별할 수 없는 물질로 변화한다는 걸 확인하였다. 이 물질은 '외인성 모르핀'이라는 의미에서 '엑소르핀(Exorphine)'이라고 명명되었다.

빵을 먹을 때 얻는 글루텐에서 온 엑소르핀은 과연 혈액-뇌관문을 통과하여 지방변증 환자나 정신분열증 환자의 뇌를 직격하고 있을까? 이 문제는 아직 결말이 나지 않았다. 그러나 글루텐이 많은 식품을 섭취하면 엑소르핀이 증가하는 점, 또 엑소르핀과 엔도르핀이 학습과 기억 능력을 억제하는 효과를 지니는 점은 확실시 되고 있다.

기껏해야 음식에 지나지 않기 때문에 이런 것들을 신경 쓰지 않을 수도 있다. 그러나 고단백식품의 극단적인 섭취 과잉은 충분히 조심하지 않으면 머리가 나빠질 뿐만 아니라, 이상한 결과로 빠져들지도 모른다.

그러나 이 으스스한 얘기도 거꾸로 생각하면 새로운 의학적 발견을 위한 이정표가 될 수도 있다. 만약 섭취한 단백질에서 생긴 펩타이드가 소화관뿐만 아니라 혈액-뇌관문을 통과할 수 있다면 그것들은 당연히 뇌의 기능에도 커다란 영향을 미치고 있을 것이다. 이 점에 착안한다면 앞으로 정신신경질환과 음식물과의 관계가 밝혀지게 될 것이다. 또, 그 지식을 역으로 이용하면 음식물의 섭취 방법에 따라 뇌의 기능을 활성화하거나 정신질환을 치료하게 될 수도 있을지도 모른다.

2. 포도당으로부터 배우는 지혜

21세기에는 1일 4식?

현재 세계의 약 절반쯤 되는 나라에서는 1일 3식의 식습관을 갖고 있다. 그러나 유사 이래 최근까지 고작 수천 년의 역사로 볼 때 인류가 하루 세 끼의 식습관을 갖게 된 것은 그리 오랜 일은 아닌 듯싶다.

옛날에는 하루에 두 끼의 식사로 족했는지도 모른다. 그러나 노동을 해야 하고 전쟁을 치루며 살아남기 위해서는 체력이 승부의 결정적 요인이 되었고 또 머리도 많이 쓰게 되었을 것이다. 그리하여 이에 필요한 에너지의 공급을 위해 어느 틈엔가 하루 세 끼의 식사를 섭취해야 할 필요가 생겼으리라 생각된다.

하루에 세 끼의 식습관이 확립된 것은 문명의 발달에 따르는 정보 처리량의 증대와도 관계가 있는 것 같다.

문명의 발달에는 반드시 정보 내용의 다양화와 정보량의 증대가 수반되었다. 뇌가 그 변화에 대응해 가기 위해서는 에너지 소비량도 증대시키지 않을 수 없었을 것이고, 그것이 원인이 되어 식사량의 증가, 나아가서는 식사 횟수의 증가를 가져왔을 것이다.

이것은 전적으로 필자의 추측에 지나지 않지만 그러나 만약 이 추측이 옳다고 한다면 고도 정보화 사회의 진행에 수반하여 신변의 정보량은 더욱 많아지게 될 것이고 그에 따라 뇌의 정보 처리량도 더욱 증대되어 갈 것이다. 그렇게 되면 하루 세끼로는 부족하여 하루 네 끼의 식습관이 정착되는 날이 오지 않을까?

일본은 경제대국을 이룩한 동시에 식사량도 증가하여 '포식 시대'에 이르렀다는 사실은 정말로 암시적이다. 일본은 자원이 빈약한 나라인 만큼 하루 네 끼의 식습관을 갖는 시대가 되면 식량의 확보와 증산이 매우 큰 정치적 과제로 등장하게 될 것이다. 이솝 우화에 나오는 「개미와 베짱이」의 베짱이 꼴이 되지 않기 위해서는 지금부터 미리 대비해 나가야 할 것이다.

생각하면 뇌의 에너지 소비량이 증가하는가?

위에서는 '뇌가 응답하는 정보량이 많아질수록 뇌의 에너지 소비도 증가된다'는 내용이 전제로 되어 있었다. 그러나 문명의 발달에 수반되는 정보량의 증대에 응답하려면—보다 단적으로 표현한다면 '사고(思考)'를 증대시킴으로써—뇌의 에너지 소비량은 정말로 증대하는 것일까?

이 문제의 해명은 정보영양학의 매우 중요한 과제이다. 그러나 사고가 문제시 되는 한, 그것은 인간을 실험 대상으로 삼아야 하며 그럴 경우에는 무수한 어려움이 따른다.

이런 문제에 접근하기 위해서는 뇌에서 소비되는 유일한 에너지 자원인 포도당 양의 변화를 시시각각으로 측정해야 한다. 그러기 위해서는 전에는 뇌에 혈액을 보내는 경동맥과 뇌로부터 혈액을 이끌어오는 경정맥에 가느다란 관을 삽입하여, 부지런히 채취한 혈액 샘플을 분석해 그 속에 함유되는 포도당량의 변화를 추적하는 게 유일한 측정 방법이었다.

즉, 입구와 출구의 통과량을 조사하여 그 차이로부터 내부에서 일어나는 일을 유추하는 방법이다. 10여 년 전에는 뇌라고 하는 블랙박스를 직접적으로 관찰할 수단이 없었기 때문에 그런 방법을 취했던 것이다.

이 방법으로 실험한 연구자의 보고에 따르면 가느다란 관이 삽입된 피험자에게 '생각하라'는 지시를 하자 뇌의 포도당 소비량이 확실히 증가하였다. 그러나 대조 실험으로 이번에는 '생각하지 말라'는 지시를 하자 포도당 소비량이 역시 증가하여 양자 사이에 차이가 없었다고 한다.

이 실험 결과를 어떻게 해석하느냐 하는 것은 사람에 따라 각각 다를 것이다. 그중에는 단적으로, '그러니까 사고와 뇌의 에너지 소비량에는 관계가 없다'고 속단할 사람도 있을 것이다. 그러나 여기서 간과할 수 없는 점은 생소한 실험실에 들어가 가느다란 관이 혈관 안에 삽입된 피험자에게는 그것만으로도 이미 불안감이 생겼을 것이다. 불안감도 마음, 즉 뇌의 작용인 이상 그것만으로도 이미 뇌의 에너지 소비량을 증가시키고 있지 않을까?

더구나 굳이 '생각하지 않는다'는 것은 의식적인 노력이 필요하다. 생각하지 않으려 하면 할수록 잡념이 생긴다. 좌선(座禪)을 해본 적이 있는 사람이라면 수긍이 갈 것이다. 즉 뇌의 활동에는 커다란 에너지 소비가 수반된다는 것은 말할 나위도 없다. 이런 실험만으로는 '사고'와 에너지 소비량과의 진정한 관계를 밝히기는 극히 어려운 것이다.

그러나 최근에는 사고에 의해 뇌의 에너지 대사가 부분적으로 변화한다는 견해가 나타나기 시작했다. 또, NMR-CT(핵자기 공명 컴퓨터 단층 진단장치)나 PET(양전자 방사 단층 진단장치)와 같은 뇌의 내부에서 물질의 움직임을 직접 관찰할 수 있는 기기가 실용화되기 시작하고 있다. 이러한 뇌 에너지 대사의 측정 방법의 진보와 더불어 사고와 에너지 소비량과의 상관관계도 머지않아 해결될 것이다.

'식간'의 연구가 중요하다

그렇다면 '머리가 좋아지기' 위해서는 지금 어떤 일을 하면 될까? 여기에서 일단 그 질문에 대답해 보기로 하자.

뇌에 에너지를 풍부히 공급하기 위해서는 최저 조건으로서 우선 하루 세 끼의 식사를 엄격히 취해야 한다. 동양이건 서양이건 섭취하는 음식의 칼로리는 대부분 당에 의존하고 있다. 잡식성이라는 점에서 사람과 매우 닮은 쥐에게 먹이를 선택하게 하면 그 70%를 당에서 얻고 있다. 그러므로 밥이나 빵, 감자류 등의 당분이 많이 함유된 음식물을 빠뜨리지 말고 먹는 것이 중요하다.

뇌로 보내진 포도당은 몇 가지 포도당 수송체의 도움을 받아 신경 세포

(뉴런) 속으로 흡수된다. 즉 혈액-뇌관문에 있는 수송체와 신경 세포에 있는 포도당 수송체(글리아 세포의 수송체를 통하는 일도 많다)의 도움을 받는다.

이 세 종류의 수송체는 모두 인슐린 감수성을 지니지 않는다. 즉, 몸의 다른 조직과는 달리 인슐린이 증가해도 포도당 흡수가 증가하지 않는다는 공통점을 가졌으나 저마다의 성질은 약간씩 다르다. 특히, 혈액-뇌관문에 존재하는 수송체는 우리의 통상적인 혈중 농도를 경계로 하여 그보다 조금이라도 혈당 농도가 낮아지면 흡수 반응 속도가 낮아지는 특성을 지니고 있다. 즉, 우리의 통상의 혈중 농도(100㎎/cc)는 공교롭게도 혈액-뇌관문의 포도당 수송체를 이용하는 데에 가장 알맞은 농도로 되어 있다고 할 수 있다. 또, 단순하게 생각하더라도 혈중 당 농도가 낮아지면 조직 속으로 흡수되는 양이 줄어든다는 것은 쉽사리 이해된다.

따라서 뇌를 항상 활성화시켜 두기 위해서는 포도당의 혈중 농도를 언제나 일정 수준 이상으로 유지시키도록 유의할 필요가 있다. 다만, 식사 직후라면 별로 문제는 없다. 음식물로서 섭취하는 당질은 주로 녹말인데, 이것은 우리의 체내에서 소화되어 포도당으로 변한다. 우리의 식사에는 일반적으로 충분한 녹말이 함유되어 있기 때문에 굳이 양념 이외의 여분의 당분을 보급해 줄 필요가 없다. 서양인의 식습관을 흉내 내어 식후에 대량의 설탕을 함유하는 디저트를 먹는 것은 자진하여 심장질환의 원인을 만들어 주고 있는 것과 같다.

문제는 식간(食間)에 있다. 보통, 생물학 등의 교과서에는 '호메오스타시스에 의해 혈당 농도는 항상 일정하게 유지되고 있다'고 쓰여 있다. 원칙적으로는 확실히 그렇다. 그러나 엄밀하게 말하면 식후와 식간에서는 역시 혈당 농도에 차가 생긴다. 식간의 공복 시에는 혈당 농도가 식사 직후의 만복 시에 비해 20% 정도 낮아진다.

앞에서 말했듯이, 혈액-뇌관문의 포도당 수송체는 혈당 농도의 변동에 매우 민감하기 때문에 그것이 20%나 낮아져 버리면 그만큼 뇌에 포도당 공급률이 낮아진다. 그래서 배가 너무 고프면 머리 회전이 둔해지게 된다.

이럴 때는 우선 캔디나 엿을 먹는 것도 효과가 있다. 티타임 때 커피나 홍차에 설탕을 약간 많이 넣어 마시는 것도 좋다. 설탕 성분은 절반이 포도당이다. 나머지 절반은 과당으로, 과당도 체내에서는 포도당으로 바뀌기 때문에 얘기가 좀 복잡해지지만 섭취된 설탕의 절반은 혈당 농도를 증가시키는 데에 이바지하는 것이라고 생각하면 틀림없다.

이처럼 뇌의 영양학에서 보면 공복 시에 설탕을 착실히 먹는 것도 뇌를 활성화시키는 데 도움이 된다. 그러나 대부분의 영양학 책에는 설탕을 많이 섭취하는 걸 지나치게 경고하고 있는 경우가 많다. 예를 들면 '설탕은 에너지원이 되기는 하지만 식사 성분으로서는 가치가 없고, 설탕의 과잉 섭취는 비만을 가져오며, 또 당분은 충치의 원인이 된다'고 씌어 있다.

백해무익한 걸로 인식되고 있는 것이다. 그러나 이 구절은 '설탕은 뇌의 유일한 에너지원이 되므로 뇌에 대한 영양으로서는 가치가 높다'고 바꿔 읽을 수가 있다. 또, '설탕의 과잉 섭취'라고는 하지만, 캔디를 하루에 몇 개쯤 먹거나, 단 커피나 홍차를 하루 두, 세 잔을 마시는 정도는 별로 문제가 없다.

당뇨병이나 심장질환을 가진 환자라면 얘기가 달라지지만, 보통의 건강한 사람이라면 신경 쓸 정도의 양은 아니다. 그보다도 공복 시에 뇌까지 텅 비게 만드는 게 더욱 걱정이다.

3. 콩은 두뇌식의 왕자

왜 머리에 좋은가?

일본 음식에서 빼놓을 수 없는 것은 간장, 된장, 두부, 낫토 등의 콩 가공 식품이다. 이 절에서는 이런 낯익은 일상 식품이 뇌기능을 활성화하는 데에 어떤 역할을 하는지 살펴보기로 하자.

단적으로 말하면 콩은 '두뇌식(頭腦食)'의 으뜸가는 식품이라 할 수 있다. 뇌기능을 활성화시키는 식품 중에서도 한결 빼어난 슈퍼 푸드(Super Food)라 할 것이다. 콩 식품 중에서도 특히 중요한 것은 낫토(納豆, 삶은 콩을 미생물의 발효 작용으로 숙성 시킨 것으로 청국장과 유사)로 소화가 잘 되고 인지질을 다량으로 함유하고 있다.

콩레시틴(Lecithin)이란 말을 들어 본 적이 있을는지 모른다. 이 콩레시틴은 머리가 좋아지고 노화를 방지하는 건강식품이라 하여 미국에서 크게 유행 중인데, 그 여파가 일본에도 오고 있다. 미국인은 콩레시틴 가루를 세 끼의 식사 때마다 곁들이고 있는 것 같다.

그러나 시판 콩레시틴은 값이 비싼 데다 1g당 7cal로 열량이 높아 지나치게 섭취하면 비만증을 일으켜 노화 방지는커녕 도리어 성인병의 원인이 되기도 한다. 따라서 구태여 돈을 들여 병을 불러들일 필요는 없다. 차라리 애초부터 레시틴 함유량이 높은 일상적인 자연 식품을 적극적으로 식단에 도입하는 편이 낫다. 그게 싸게 먹히고 간단하다. 어쨌든 문제는 콩레시틴이 어째서 '머리를 좋게 하고, 노화를 방지'하느냐는 점일 것이다. 이것은 정보영양학의 중요한 과제이므로 이 책의 곳곳에서 다루기로 한다.

시판 중인 콩레시틴은 주요 성분으로서 포스파티딜콜린(Phosphatidylcoline)이 20%쯤 함유되고 그밖에도 포스파티딜에타놀아민(Phosphatidylethanolamine)이 15%, 포스파티딜이노시톨(Phosphatidylinositol)이 20%, 그리고 약 5%의 포스파티딜세린(Phosphatidylserine)과 포스파티딜산 등의 인지질이 함유되어 있다.

이 중에서 노화 방지에 특히 기대를 받고 있는 것이 주성분인 포스파티딜콜린이다. 이 물질 자체가 레시틴이라고 불리기도 한다. 그러나 레시틴이란 원래 인지질을 통틀어 일컫는 것으로, 넓은 의미에서 사용되고 있는 시판의 '레시틴'도 좁은 의미로서의 레시틴, 즉 순도 100%의 포스파티딜콜린을 함유하고 있는 것은 아니기 때문에 주의해야 한다.

포스파티딜콜린은 소화 과정에서 콜린으로 분해되어 소장에서 완전히 흡수된다. 그렇게 되면 혈중의 콜린 농도가 높아져서 혈액-뇌관문에 존재하는 콜린 수송체의 도움으로 콜린이 뇌로 흡수된다. 뇌 안에는 포도당으로부터 만들어진 아세틸 CoA(활성초산, Acetyl-Coenzyme A)라는 물질이 있어, 이것과 콜린에서 대표적인 신경 전달 물질인 아세틸콜린이 합성된다.

아세틸콜린은 약리학적인 연구로부터 사람의 뇌에서 기억 형성에 중요한 역할을 하고 있다는 것이 증명되어 있다. 따라서 그 바탕이 되는 콜린을 보급하는 데에 효과적인 레시틴을 섭취하면 건망증을 방지하고 기억력을 높여 주는 효과가 있을 것으로 기대되고 있다.

콩의 '초능력'

콩레시틴의 성분 중 포스파티딜콜린 이외의 인지질도 뇌의 기능을 활성화시키는 여러 가지 기능이 있다.

이를테면, 포스파티딜세린에는 노화에 의한 건망증이나 치매 증상을 방지하는 기능이 있다고 한다. 더욱이 이 물질은 혈액-뇌관문을 통과할 가능성이 있다는 의견도 있어, 만약 이 주장이 옳다면 포스파티딜세린은 형태 그대로 직접 뇌에 작용하고 있을 것이다.

원래, 포스파티딜콜린이나 포스파티딜세린과 같은 인지질은 세포막의 주축이 되는 중요한 구성 성분이다. 세포막은 이중층을 형성하며, 그 속에는 여러 가지 단백질이 채워져 있거나 관통하고 있다. 신경 전달 물질의 수용체나 이온 채널도 그런 형태로 존재하며, 이온 채널의 개폐는 주위의 인지질의 성질에 의존하고 있다.

포스파티딜콜린을 예로 들면, 생체막 내에서 이 물질의 양이 증가하면 막이 지니는 유동성이 증가하고 중요한 신경 전달 물질인 아세틸콜린이나 노르아드레날린이 각 수용체와 결합한 뒤의 반응이 촉진된다. 또, 포스파티딜세린은 막 안쪽에 존재하여 신경 정보를 핵 내로 전달하는 기구로 생각되는 세포 골격계와 서로 반응하고 있는 듯하다. 어쨌든 양자는 모두 뇌 안에서의 정보 전달의 원활화에 없어서는 안 될 존재이다.

또, 포스파티딜이노시톨은 프로스타글란딘(Prostaglandin)이라는 생체 정보 물질(호르몬)의 재료가 될뿐더러 세포막에 짜 넣어짐으로써 세포 바깥으로부터의 정보를 세포 안으로 전달하는 데에 중요한 역할을 하고 있다.

낫토로 총명성을 유지

앞에서 살펴본 바와 같이 콩의 지방분에 함유되어 있는 레시틴은 뇌의 활동과 밀접한 관계가 있다. 물론 양질의 단백질원인 점도 콩의 큰 장점이다. 〈표 1〉은 콩을 원료로 하는 여러 가지 가공 식품의 조성을 미국인이 분석한 것이다.

이런 연구가 일본인이 아닌, 아마 낫토는 먹지도 못할 미국인에 의해 이루어졌다는 것은 놀랍기도 하고 분통이 터지는 일이기도 하다. 미국에서는 그만큼 콩이 주목을 끌고 있다는 증거이기도 하지만 일본인 연구자의 눈이 서양 쪽으로만 돌려지고 있다는 증거이기도 하다. '등잔 밑이 어둡다'는 말도 있지만 일상의 식품을 흔하기 때문에 등한시하는 태도는 유감스러운 일이다

(-는 미검정) (C. W. 헷셀틴, 1983)

종류	가식부 100g 중				
종류	칼로리(cal)	단백질(g)	지방(g)	섬유(g)	나이아신(mg)
콩	400	35.1	17.7	4.2	2.2
두부	33	3.1	1.9	-	0.1
간장	39	5.3	1.3	0	-
된장	156	14.0	5.0	1.9	1.5
낫토	158	14.9	8.3	1.5	0.6

표 1 | 콩 식품의 영양 조성

〈표 1〉을 보면, 콩 식품 중에서도 낫토가 얼마나 우수한 조성을 지니고 있는가를 한눈에 알 수 있다. 게다가 소화에도 좋다. 그러므로 끈적한 실이 달린다, 냄새가 고약하다, 보기가 흉하다, 현대적이지 않다는 등등 불평만 늘어놓지 말고, 좀 더 적극적으로 낫토를 섭취해야 할 것이다. 이것이 언제까지나 총명성을 유지하는 하나의 비결이 되지 않을까?

다만, 콩 단백질에는 필수 아미노산인 메티오닌(Methionine)이 상대적으로 부족하다. 이를 보충하는 데는 달걀이 가장 좋다. 그래서 '달걀을 넣은 낫토 덮밥'이라는 이상적인 두뇌식이 탄생하게 된 것이다.

앞에서 말했듯이, 미국인은 콩 가공 식품에 큰 관심을 보이고 있으며 최근에는 두부를 자주 먹게 되었다. 두부는 단백질원으로서는 확실히 우수한 식품이지만 비만을 예방하는 저지방식으로 알려져 있는 만큼 레시틴과 같은 인지질은 거의 함유되어 있지 않다. 그러므로 기억력의 향상이 나 노화 방지 등의 레시틴 효과는 기대할 수 없다.

그렇다고 해서 미국인들이 낫토를 일상 음식으로 도입하는 날이 오리라고는 도무지 생각되지 않는다. 하물며 날달걀을 밥에다 부어 먹는다는 것은 말도 안 될 것이다. '달걀풀이 낫토 덮밥'은 당분간 일본인들만의 독점적인 음식일 수밖에 없을 것 같다.

'맥주에 청대콩'도 머리에 좋다

일본인들이 좋아하는 콩 요리에 껍질 채 삶은 청대콩이 있다. 단지 소금물에 살짝 데쳐낸 것이므로 그 성분은 날콩과 거의 다름이 없다. 소화 능력만 빼면 영양가가 가장 높은 조리법이다. 그러나 이것도 미국인에게는 '그림의 떡'이기 때문에 동정을 금할 수가 없다. 물론 청대콩이 미국인의 입에 맞지 않기 때문은 아니다. 맛으로는 두부 이상으로 그들의 식습관에 맞는다.

'그림의 떡'이라고 말한 것은 미국에서는 청대콩 재배가 안 되기 때문이다. 청대콩을 좋아하는 어느 일본인 연구자가 미국의 대학에 초청을 받아갔을 때, 미국에는 청대콩이 없다는 말을 듣고 일본에서 일부러 콩 모종을 갖고 가서 거기에서 씨를 뿌려 재배한 적이 있다. 그러나 수확된 콩은 너무 딱딱해서 소금물로 웬만큼 데쳐도 도무지 먹을 만한 게 못 되었다고 한다. 아마도 토양이나 기후의 차에 의한 것이겠지만 이런 얘기를

미국인에게는 '그림의 떡'

들으면 새삼 일본의 풍토에 감사하고 싶어진다.

청대콩 얘기가 나온 김에 맥주에 대해서도 한마디 언급해 두겠다. 맥주는 맥아(보리 싹을 틔운 것)에 호프를 첨가해서 발효시킨 알코올음료이다. 이것의 원료인 맥아에는 레시틴이 많이 들어 있다. 그 양도 콩 이상으로 많다. 그러므로 맥주도 레시틴이 많이 함유된 음료이다.

맥주 이외의 청량음료수의 거품은 금방 없어져 버리는 데도 맥주의 거품은 없어지지 않는다. 이상하다고 생각할 사람이 많겠지만 그것은 맥주

식품(100g 당)	염화콜린(mg)	레시틴(mg)
송아지 간장	650	850
새끼 양고기	-	753
소의 대퇴부 고기	-	453
햄	-	800
무지개 송어	-	580
치즈	-	50~100
달걀	0.4	394
오트밀	131	650
콩	237	1,480
맥아	-	2,820
정백미	-	586
땅콩	-	1,113
시금치	-	6~14
꽃양배추	78	2
양배추	89	2
감자	40	1
상추	16~20	0.2
당근	6~13	5~8

표 2 | 각종 식품 중의 콜린과 레시틴 함량

에 함유되는 레시틴과 같은 인지질이 거품 표면에 모여들어, 그것들의 상호 작용으로 거품끼리 응집하여 안정화되어 있기 때문이다.

어쨌든 맥주와 청대콩 안주는 뇌를 활성화시키는 데는 최고의 짝꿍이라고 할 수 있다. 또, 땅콩에도 레시틴이 많이 함유되어 있기 때문에 청대콩이 없는 철에는 땅콩을 안주로 먹는 것도 좋은 방법이다. 다만, 그렇다고 해서 맥주를 과음하면 안 된다. 맥주는 1ℓ 당 400cal나 되는 고열량식이기 때문에 과음이 습관화되면 금방 비만증이 된다.

거기다 알코올은 포도당으로 바뀌지 않기 때문에 뇌에 에너지 보급을 위한 것이라면 마셔도 의미가 없다. 오히려 뇌에 진정 작용을 끼치기 때문에 활성화라고 하는 목적과는 어긋난다. 은근히 취할 정도만 마시는 것이 머리를 위해서도 좋은 일이다.

4. 비타민, 칼슘, 핵산과 뇌

일상적인 식품의 재발견

어떤 음식이 머리를 좋게 하는가를 알아보는 것이 2장의 목적이었는데 지금까지는 쌀, 죽순, 설탕, 콩 등 소수의 제한된 신변의 식품만을 다루었다.

선택이 약간 치우친 느낌이 들지만 이는 매일 식탁에 오르는 평범한 식품의 가치를 다시 살펴보고 재평가했으면 하는 의미에서였다.

하지만 그렇다고 해서 날마다 죽순과 콩을 끓인 단음식을 반찬으로 밥을 몇 그릇씩 먹는다고 머리가 좋아질 리가 없다. 머리를 좋게 하기 위해서는 특수한 음식을 먹을 필요는 없어도 편식을 하거나 같은 음식을 계속 먹지 말고, 균형 잡힌 영양을 세 끼의 식사 시간마다 반드시 섭취하도록 하는 것이 중요하다.

그 밖에도 언급해야 할 것은 많으나 리놀산(Linoleic Acid)이나 리놀렌산(Linolenic Acid) 등의 필수 지방산이 뇌의 활성화에 미치는 역할을 4장에서, 육류 등 동물성 단백질에 많이 함유되어 있는 필수 아미노산인 트립토판의 안면(安眠) 촉진 효과에 대해서는 3장에서 설명하기로 한다. 여기에서는 우선 '마음에 걸리는' 영양소인 비타민과 무기물이 뇌의 기능에 대해 어떤 의미를 지니는지 최소한도에서 설명하기로 한다.

비타민은 식사로 섭취하자

일본 사람이 약을 좋아하는 건 세계적으로 유명하다. 콧물만 나와도 감기약, 식사 때마다 위장약, 머리가 좀 띵하다 싶으면 아프기도 전에 진통제, 기운이 좀 떨어졌다 싶으면 보약, 하다못해 실연을 당하고는 의기소침했다고 약을 먹는다.

비타민제도 약에 대한 그런 감각의 연장으로 먹는 경우가 많은 듯하다. 그러나 하루 세 끼의 식사를 어김없이 취하고 있는 사람이라면 웬만한 편식가가 아닌 한 특정 비타민이 부족해서 머리가 나빠지는 일은 없다. 오히려 함부로 비타민제를 계속적으로 복용하면 과잉 섭취에 의해 뜻하지 않은 부작용이 생긴다. 비타민은 역시 식사라는 자연스런 형태로 섭취하는 게 가장 좋다.

원래 체내에서 합성되지 않는 생체 활성 물질인 비타민류는 뇌기능에도 중요한 역할을 하고 있다. 특히 에너지 대사에 관계 되는 비타민 B1(Thiamine), B2(Riboflavin), B3(Nicotinic Acid; Niacin) 및 신경 전달 물질의 합성에 관하여는 B6(Pyridoxal) 등의 비타민 B 계열이 결핍되면 뇌에 병적 변화를 일으키기 쉽다. 더욱이 한 가지보다 복수의 비타민이 결핍되는 경우가 장해 발생률이 높다. 그러므로 편식은 절대로 피해야 한다.

일반적으로 비타민이 결핍되면 흥분, 피로, 의기소침, 신경과민, 불안 외에 화가 나기 쉬운 상태 등 정서적인 증상이 나타나고 기억력과 사고력이 감퇴한다. 그러나 이런 증상도 단기간의 비타민 결핍에 의한 것이라면 외부로부터 비타민을 보급해 줌으로써 간단히 낫게 할 수 있다.

만약 이상과 같은 자각 증상이 있다면 종합 비타민제를 먹는 것도 바로 효과를 볼 수 있는 좋은 방법일 것이다. 그러나 그것은 어디까지나 임시변통이고, 그런 증상이 있는 사람은 평소의 식습관과 식사 내용을 근본적으로 개선해 나가야 한다. 수험생이나 머리를 쓰는 직업인이라면 더욱 중요한 일이다.

다음에 각종 비타민의 특질과 식품에 의한 섭취 방법을 간단히 정리해 보기로 한다.

(a) **비타민 B1** 이 비타민이 결핍되면 각기병(脚氣病)에 걸리기 쉽다. 그러나 다리가 저리거나 붓는다고 해서 각기병을 단순한 다리 병 정도로 생각하는 것은 잘못이다. 이 병은 '다발성 신경염'이라고 불리듯이 뚜렷한 신경계열의 질환이므로 당연히 뇌에도 중대한 악영향을 끼치게 된다.

비타민 B1, 즉 티아민은 뇌의 유일한 에너지원인 포도당을 완전 연소시키는 데 필수적인 영양소이다. 또, 뇌 안에서의 포도당 대사와 관계하고 있기 때문에 이것이 결핍되면 아세틸콜린이 감소하거나 신경 세포의 막구조에 변화를 가져온다. 그 결핍이 다발성 신경염을 일으키는 것도 그런 사정 때문이다.

다만, 티아민은 혈액-뇌관문을 통과할 수 있기 때문에 결핍 시에 바로 보충하면 효과가 나타난다. 티아민, 즉 비타민 B1을 많이 함유하고 있는 식품은 쇠고기, 돼지고기, 호두 등의 딱딱한 열매, 콩 등이다.

ⓑ **비타민 B3** 이것은 니코틴산(또는 나이아신)이라고도 불리며, 뇌의 에너지 대사에 필수적인 생체 활성 물질이다. 니코틴산은 간장에서는 트립토판(Tryptophan)으로부터 합성되는데, 뇌에는 이 합성계가 존재하지 않으며, 따라서 뇌에는 불가결한 영양소이다.

이것이 결정적으로 결핍되면 '펠라그라(Pellagra)'라고 하는 치매, 피부염, 설사 등을 3대 특징으로 하는 악질 질병에 걸린다. 일상적인 식생활을 계속하는 한, 그런 비참한 상황으로까지는 가지 않으나 약간의 결핍으로도 우울병, 불안증, 정서 불안이 되기 쉽고, 단기간의 기억력이 극단적으로 감퇴하는 경우도 있으므로 주의해야 한다.

비타민 B3를 부지런히 섭취하는 데는 효모가 가장 좋으므로 그런 의미에서는 저녁 반주로 마시는 맥주는 기억력 감퇴를 방지 하는 데에 효과가 있을지 모른다. 그밖에 쇠고기와 딱딱한 열매류에 비교적 많이 함유되어 있다.

또 커피콩에 함유되어 있는 트리고넬린(Trigonelline)은 마시면 니코틴산으로 바뀌며, 한 잔의 커피에는 콩류나 생선 50g 정도에서 섭취되는 것과 같은 양의 니코틴산이 함유되어 있다. 설탕을 넣은 커피를 마시면, 그

설탕이 뇌로 가는 에너지를 공급할 뿐만 아니라, 커피의 니코틴산이 뇌의 에너지 대사를 촉진하여 한층 효과적인 셈이다.

(c) **비타민 B6** 이것이 신경 전달 물질의 합성에 관여하고 있다는 것은 앞에서 설명한 대로이나 이 비타민이 어릴 적부터 만성적으로 결핍되면 지능 발육 부진이 일어난다. 비타민 B6은 쇠고기, 돼지고기, 생선 등에 많고, 야채나 과일류에는 거의 없다. 조리 중 20~30%가 파괴되므로 이 점도 염두에 둬야 한다.

(d) **비타민 B12** 이것은 '항악성(抗惡性) 빈혈 인자'라고 불리는 시아노코발라민(Cyanocobalamin)을 말하며, 이것이 결핍되면 악성 빈혈을 일으킨다. 결핍 상태가 심해지면 뇌파에 이상이 나타나고, 자극에 대한 과민성이 증대하는 외에 기억 상실이나 환각 증상 등의 신경장해가 나타나기도 한다.

그러나 B12의 결핍이 어째서 이런 뇌의 기능장해를 일으키는지 그 메커니즘에 대해서는 현재도 밝혀지지 않았다. 간, 어패류, 치즈에는 존재하는데도 식물성 식품에는 전혀 존재하지 않는다는 점도 이 비타민의 특징이다.

(e) **비타민 C** 비타민 C, 즉 아스코르빈산(Ascorbic Acid)이 결핍되면 사람의 경우는 한, 두 달 안에 피부와 점막으로부터 출혈이 생기는 이른

바 '괴혈병(壞血病)'이 나타난다. 모르모트는 사람과 마찬가지로 체내에서는 아스코르빈산을 합성하지 못한다. 따라서 먹이로부터 섭취해야 하는데, 이것을 사용한 실험에서는 비타민 C가 결핍된 먹이를 계속해서 준 결과 노르아드레날린 양이 두드러지게 감소하는 반면, 뇌 안의 도파민양이 증대한다는 것이 증명되었다.

바꾸어 말하면, 비타민 C에는 뇌 안에서의 노르아드레날린이나 아드레날린의 합성을 촉진시키는 작용이 있다. 한편, 비타민 C를 체내에서 합성할 수 있는 동물의 경우—사람이나 모르모트를 제외하는 대부분의 동물이 이에 해당한다—스트레스나 병에 걸리면 자신이 체내의 비타민 C 합성량을 증가시킨다는 사실이 알려져 있다. 이 사실 하나만을 보더라도 아스코르빈산이 스트레스에 대항하는 신경 전달 물질의 합성 촉진에 관여하고 있다는 것을 쉽게 상상할 수 있다.

1954년 노벨 의학생리학상을 받은 미국의 생화학자 폴링(L. C. Pauling)은 이 사실로부터 힌트를 얻어 이른바 '비타민 C 요법'을 제창했다. 즉, 비타민 C를 합성할 수 없는 사람의 경우에도 스트레스나 병에서는 아스코르빈산의 필요량이 증대할 것이라고 생각했다. 그리고 감기의 치료나 예방에도 하루 3~12g의 비타민 C를 투여하면 효과적이라고 권장했다.

그 이후 이 주장은 폴링 씨의 명성과 더불어 매스컴에 보도되어 순식간에 온 세계로 퍼졌다. 입을 건너 전파되는 동안에 과장되어 항간에는 비타민 C의 대량 섭취가 암의 예방과 치료에 효과적이라느니, 두뇌를 좋게 하는 효과가 있다느니 하는 소문이 그럴싸하게 퍼져갔다. 특히 '노벨상'이라면 깜박 죽는 일본인들 사이에서 비타민 C의 신앙은 무성한 것 같다. '폴링을 본떠서 내 자식을 천재로 만들자!'는 것이다.

그러나 실제로는 폴링이 주장한 것과 같은 효과는 거의 모든 추시 실험을 통해서도 확인되지 못했다. 또, 비타민 C가 조금 부족하더라도 그 악영향이 금방 머리에 반영되는 것이 아니라는 것도 알게 되었다. 즉, 뇌 안에 아스코르빈산이 다소 줄어들더라도 노르아드레날린의 합성량에 영향을 미칠 정도는 아니다.

가벼운 괴혈병 환자라면 권태감 정도는 호소할망정 그 밖의 뇌 내의 변화나 신경증상은 나타나지 않았다는 보고도 있다. 그 이유는 뇌에 함유되어 있는 아스코르빈산의 양이 부신(副腎)과 더불어 가장 많다고 하는 점일 것 같다. 아스코르빈산은 혈액-뇌관문을 통과하지 않고, 뇌의 우회로라 할 수 있는 맥락총(脈絡叢, 〈그림 2-5〉) 부분으로부터 뇌척수액 속으로 방출되고 있는 것 같으며, 뇌척수액 중의 아스코르빈산의 농도는 혈액 중에서의 농도보다 3배 정도나 높다.

문제는 일반적인 '영양 상식'과는 달리 비타민 C의 과잉 섭취에 있다. 비타민 B는 대량으로 투여해도 부작용이 나타나지 않거나 나타나도 미미하지만, 비타민 C를 과잉 섭취하게 되면 사정이 전혀 달라진다.

즉, 하루에 2~4g씩을 계속하여 섭취하게 되면 신장에 결석이 생기는 일이 있다. 또, 통풍(通風)의 신호인 요산뇨(尿酸尿)가 나오거나 비타민 B12가 두드러지게 감소하는 부작용이 보고되어 있다.

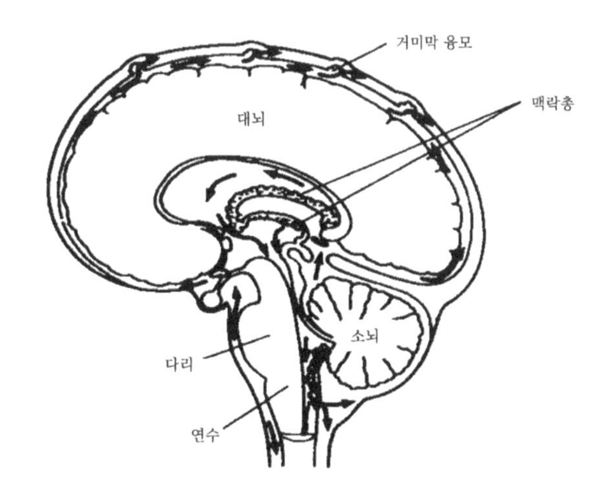

그림 2-5 | 맥락총. 뇌척수액의 대부분이 여기서 만들어져 그림과 같이 뇌 안을 돈다

한편, 정신분열증 환자에게 아스코르빈산을 대량으로 먹이면 도파민 작용성 뉴런의 작용이 억제되는 등의 치료 효과가 있었다고 하는 긍정적인 보고도 있다. 그러나 이 보고에 관해서는 아직도 찬반양론이 있어 학회에서도 논쟁이 계속되고 있다.

보고가 사실이라 하더라도 보통의 건강인에게 비타민 C를 대량으로 투여하면 '머리가 좋아진다'는 얘기는 아니다. 정신분열증 약은 분열증 환자가 복용하기 때문에 망상을 없애는 등의 효과를 볼 수 있는 것이지, 같은 양의 약을 건강인이 섭취하면 도리어 정신이 이상해질 뿐만 아니라 서 있기조차 불가능하게 된다.

마찬가지로의 역효과가 있는지 없는지, 또 건강인에게 비타민 C를 대량으로 투여하는 것이 어떤 부작용을 일으키는지, 현재로는 아무것도 밝혀져 있지 않다. 그러므로 아무리 노벨상을 받은 사람이 권장하는 방법이라고 하더라고 그를 그대로 믿고 뇌의 기능에까지 '비타민 C의 효과'를 기대하는 것은 매우 위험한 일이다.

미네랄류와 뇌

여기서는 미네랄 중에서도 칼슘과 철분이 지니는 뇌의 활성화 효과에 대해 간단히 살펴보고자 한다.

(a) **칼슘** 칼슘, 나트륨, 칼륨, 마그네슘 등의 미네랄(무기물)류는 신체의 일반적인 기능 유지에 중요할 뿐만 아니라, 뇌기능의 활성화에도 매우 중요한 영양소이다.

예로서 칼슘에 대해 살펴보면, 신경 전달 물질인 노르아드레날린이나 아세틸콜린이 각기 특유의 수용체와 결합하면 세포 내에서의 칼슘 이온 농도가 증가한다. 세포 내의 칼슘 이온은 단백질의 인산화를 촉진시키는 효소의 활성을 높임으로써 신경정보의 전달을 원활하게 도와준다. 이런 과정으로 신경 세포 간의 정보 소통을 좋게 하는 것은 뇌기능의 활성화에 직접 공헌하게 되므로 뇌에는 칼슘을 끊임없이 공급하지 않으면 안 된다.

칼슘이 많이 함유된 식품으로는 말린 새우, 멸치, 정어리 말림, 녹미채(鹿尾菜) 등이 있다. 우유에는 100g당 100㎎ 정도의 칼슘이 들어 있으므로

정어리를 통째로 말린 것도 좋으나 우유에는 젖산이라는 '강력한' 아군이 있다

말린 새우나 멸치의 약 20분의 1, 정어리를 통째로 말린 것이나 녹미채의 약 15분의 1정도의 양밖에 함유되어 있지 않다.

그러나 우유에는 나름대로의 장점이 있다. 즉 우유에 함유되는 젖당이나 그 대사산물인 젖산이 소화관으로부터 칼슘의 흡수를 촉진하는 점이다. 그러므로 1주일에 한두 번쯤 정어리를 통째로 말린 것을 머리와 뼈까지 먹는 것보다는 매일 우유를 마시는 습관을 들이는 편이 칼슘의 보급에는 효과적이라 할 수 있다. 특히 유아나 어린이들에게는 우유를 자주 마시게 하는 게 칼슘 보급에 좋다.

(b) **철분**　음식물에 의한 철분의 섭취와 학습 능력과의 관계를 조사한 흥미로운 보고가 있다.

그 결과에 따르면 철이 결핍된 어린이는 새로운 학습 내용을 이해하거나 기억하는 능력이 철분을 충분히 섭취하는 어린이에 비해 떨어졌다고 한다. 또 3~5세의 어린이 중 혈중의 헤모글로빈 농도가 낮은 경우는 주의력이 두드러지게 떨어졌다고 한다. 다만, 지능 지수에는 영향이 없다고 한다.

또, 생후 6~18개월째에 철분을 충분히 섭취하지 못했던 어린이들에게는 6~7세 이후부터 신경 증상이 나타나고 운동 기능에도 가벼운 장해가 있었다고 한다. 이 경우 철분을 보급해 줌으로써 인식 기능을 향상시킬 수 있었다고 한다.

이 같은 보고를 보더라도 철분은 필수적이다. 더욱이 성장기 어린이들의 뇌에는 불가결하다. 그러므로 입에 맞고 안 맞고 간에 철분이 많이 들어 있는 시금치와 살이 붉은 생선을 많이 먹어야 할 것이다.

핵산 두뇌 건강법은 거짓말

알다시피 생명 정보의 기본인 유전자의 본체는 DNA로 불리는 데옥시리보핵산이다. DNA의 유전 정보는 DNA의 이중나선을 구성하는 네 종류의 염기, 즉 아데닌(Adenine), 구아닌(Guanine), 사이토신(Cytosine), 티민(Thimine)의 배열 방법에 따라서 결정된다.

그중의 아데닌과 구아닌을 퓨린(Purine) 염기, 사이토신과 티민을 피리미딘(Pyrimidine) 염기라 부른다. 이들 염기에 당이 결합하면 뉴클레오시드(Nucleoside), 뉴클레오시드에 다시 인산이 결합하면 뉴클레오티드가 된다. 그리고 이들 핵산 관련 물질은 신경 전달 물질인 도파민과 노르아드레날린 등의 세포 내의 전달 기구에도 필수 불가결하다.

분자 유전학과 바이오테크놀로지(Biotechnology)가 최근 20~30년 사이에 급속도로 발전하여 DNA, 핵산이라는 말이 매스컴이나 일반 가정에서도 아무런 위화감 없이 사용되게 되었기 때문에 '핵산 건강법'이라는 것까지 출현하였다. 즉, '핵산이 많이 함유되어 있는 정어리 등을 먹으면 생명력이 증강되기 때문에 노화 방지뿐만 아니라 머리도 좋아진다'는 것이다.

그러나 이 식사법에는 과학적 근거가 없다.

그 이유는 핵산의 재료인 퓨린 염기와 피리미딘 염기는 몸 안에서 충분히 합성되기 때문이다. 그리고 혈액-뇌관문에는 퓨린 뉴클레오시드의 수송체가 존재하며, 아데닌의 뉴클레오시드인 아데노신(Adenosine)과 구아닌의 뉴클레오시드인 구아노신(Guanosine)이 이 수송체에 의해 뇌 속으로 운반된다. 또, 피리미딘 염기에 대해서는 우라실(Uracil)과 당이 결합한 우리딘(Uridine)이, 구아노신의 수송체를 이용하여 뇌로 운반되는 외에, 아미노산의 일종인 아스파라긴산 등을 재료로 하여 뇌 안에서 합성된다. 그러므로 특별히 핵산 자체를 음식물로부터 섭취할 필요가 없다.

3장

이런 음식 섭취 방법으로 머리가 좋아진다
[시계와 음식물과의 불가사의한 관계]

1. 생물시계가 식사 시간을 알린다

'일벌'들의 비극

땅값이 날로 폭등하고 있다. 직장 근처에 '내 집'이나 전셋집을 구하기 어렵게 된 '일벌'들은 부득이 장거리-장시간 통근이 강요되고 있다.

평균 한두 시간이 걸리는 것은 보통이고, 그중에는 세 시간이나 걸리는 곳에서 통근하는 사람도 있다고 한다. 즉 하루의 1/4, 수면 시간을 빼면 거의 1/3을 이동을 위해 소비하고 있는 셈이다. 게다가 통근 시간대의 혼잡상은 전쟁 바로 그것이다. 거기에서 소비되는 에너지는 아마 막대한 양이 될 것이다. 이래서는 기진맥진하여 일이 제대로 될 리가 없다.

즉, 장거리 통근자의 경우 한 시간 이내의 통근자에 비하면 뇌기능의 활성화라고 하는 점에서도 커다란 손해를 입게 된다. 더욱이 문제는 식사 방법에 있다.

아침 6~7시에 집을 나서야 하고, 더구나 최소한의 시간밖에 없다면 직장에 나갈 채비를 갖추는 것이 고작이고, 아침 식사도 제대로 먹을 수가 없을 것이다. 실제로 커피 한 잔으로 아침을 때우는 사람도 많다.

집에는 아무리 빨리 돌아와도 10시, 심지어는 한밤중이 될 때도 있다. 그래서 하루의 식사량의 부족감이나 정신적인 고갈감이 폭발하여 자칫하면 두세 끼 몫을 한꺼번에 폭식하는 경우가 있다. 그리고 내일을 위해 잠이나 실컷 자자는 것이 그들에게 강요되는 생활 패턴이 아닐까?

아침 식사는 '별격'

뇌 영양학을 바탕으로 한 '머리가 좋아지는 식사법'이라는 관점에서 보면 여기에는 여러 가지 문제가 산적해 있다. 그중에서 특히 중요한 문제점을 세 가지만 든다면 첫째는 아침 식사를 거르는 문제, 둘째는 식사 시간의 문제, 셋째는 저녁 식사가 사실상 '야식'이 되어 버리는 문제이다.

첫 번째의 '아침 식사를 거르는' 문제점은 굳이 장거리 통근자에게만 해당되는 문제가 아니다. 언젠가 TV를 보니 '가정에서 갖는 불만' 중에서 가장 으뜸인 것이 '배우자의 늦잠'이었다.

주부의 태만에 의한 희생자는 배우자뿐이 아니다. 최근에는 맞벌이 부부니, 문화 강좌 수강이니, 사회봉사니 하여 주부의 생활이 바빠졌기 때문에 식사 준비가 귀찮다고 아이들까지 아침 식사를 거른 채 학교로 쫓아 보내는 집이 늘고 있다. 어떤 가정에게 키워진 탓일까, 일본에서는 20~24세의 남성 중 35%가 아침을 거르고 있다는 통계가 있다. 결국, 커피 한 잔으로 아침 식사를 대신하는 예비 비즈니스맨이 대량으로 양성되고 있는 셈이다.

미국에서 아동 영양 상태를 조사한 결과에 따르면 영양 불량 아동의 상당수가 아침 식사를 거르는 아동이거나, 영양이 편중된 시판 아침밥을 먹는 아동으로 나타나 있다. 이런 사실을 바탕으로 미국 연구자들은 아침 식사는 하루 섭취량의 1/4을 차지할 뿐이지만, 그 사람의 영양 상태를 근본적으로 지배하고 있다는 결론을 내놓고 있다.

또 뒤에서 설명하는 바와 같이 체내에서의 호르몬 분비로부터 여러 대사 효소의 활성까지 지배하고 조절하는 '생물시계'의 기능면에서 보더라도 아침 식사를 취하는 것은 매우 자연스럽고 또 중요하다. 예를 들어 오전 4시쯤, 즉 깨어나기 수 시간 전부터 인체의 활동을 지배하는 부신 피질 자극 호르몬(ACTH)의 분비는 급격히 상승하고 있어서, 아침 식사 전까지에는 이미 대사 관련 효소가 증가하고 있다. 아침은 신체도 뇌도 식사에 의한 영양 보급을 대기하여 만반의 준비를 갖춘 상태에 있다고 한다. 따라서 아침 식사는 하루 세끼의 식사 주에서도 '별격(別格)'이며, 그것이 지니는 의미는 다른 시간대와는 전혀 다르다는 사실을 알아야 한다.

미국에는 아침 식사의 필요성을 강조하는 말로 '질과 양이 같다고 해서, 하루 몫의 삭사를 낮과 밤의 두 끼에 먹거나, 밤에 한꺼번에 한 끼로 때운다고 해서 세 끼 몫의 영양이 보충되는 것은 아니다'라는 말이 있다. 소화나 흡수에도 리듬이 있어서 아침에 체내로 섭취되는 양만큼 낮이나 밤에도 같은 양이 섭취되는 것은 아니기 때문에 이런 말이 생겼을 것이다. 충분히 음미하여 명심할 말이다. 뇌의 활성화에 있어서 아침 식사가 얼마나 중요한지에 대해서는 5장에서 자세히 설명하겠다.

'배꼽시계'의 정체

다음은 두 번째의 문제점인 '식사 시간'에 대해 좀 자세히 살펴보기로 하자.

여기서 다루는 것은 섭취 행동의 신경 화학적 메커니즘과 뇌에 존재하는 생물시계에 의한 섭취 리듬의 실태다. 여기에서의 이야기는 뇌 안에 있는 '시상 하부'라는 미소한 부위에 집중된다. 〈그림 3-1〉로부터 시상 하부에 있는 각 영역에 대체적인 위치 관계를 파악하면 얘기가 훨씬 이해하

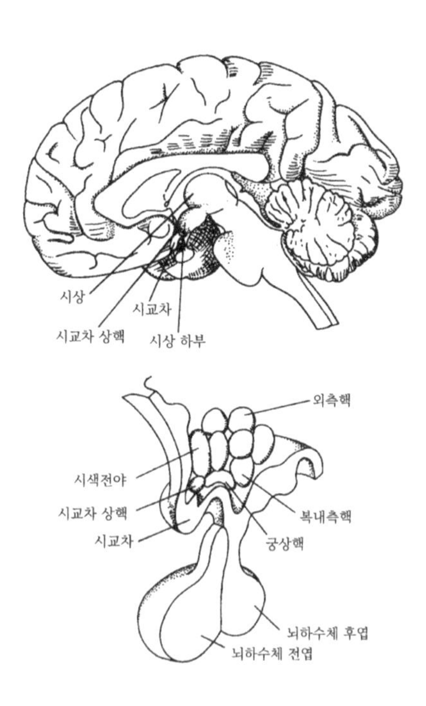

그림 3-1 | 시상 하부 위치(위)와 구조(아래)

기 쉬울 것이다.

섭취 행동을 지배하는 식욕 중추도 생체 리듬을 움직이는 '생물시계'라고 불리는 세포군도 더불어 뇌 안의 시상 하부에 있고 더욱이 서로 이웃해 있다. 먼저 식욕 중추부터 살펴보면 '복내측핵(腹內側核)'에 있는 것이 포식 중추이고, '외측핵(外側核)'에 있는 것이 섭식(攝食) 중추이다. 섭식량은 두 개의 중추가 지니는 서로 간의 흥분도의 차이에 의해 결정되고 있다.

두 중추의 흥분도를 조정하는 화학적 메커니즘으로는 세 가지 설이 있으나 그중에서도 단기적 식욕 조정을 설명하는 데에 가장 편리한 것이 당정상설(糖定常說)이다. 이에 따르면 사람이 배가 불러 식사를 그치게 되는 것은 포식 중추에 포도당의 수용체가 있어서, 동맥과 정맥에서의 혈당의 농도차가 커지면 그 정보가 이들 수용체를 통해서 포식 중추를 흥분시키기 때문이라고 한다. 흥분한 포식 중추의 세포군은 신경계를 통해 섭식 중추의 흥분을 억제하게 된다.

만약 이런 형태로 포식 중추와 섭식 중추가 섭식량을 결정하고 있다고 한다면 식사를 낮과 밤으로 배분하고, 또 세 끼의 식사 시간은 무엇이 결정하고 있을까? 여기에서 등장하는 것이 생물시계이다.

포유동물이 시상 하부에 개일(概日)개 리듬을 가리키는 생물시계를 지니고 있다는 사실은 스테판(K. Stephan) 그룹과 무어(R. Y. Moore) 그룹에 의한 쥐를 사용한 실험으로 1972년 각각 독립적으로 증명되었다. 여기서 말하는 '개일 리듬'이란 약 24시간을 주기로 하는 것을 가리킨다. 또 생물시계는 더욱 정확하게 말하면 시상 하부 중에서도 시신경이 교차하고 있

배꼽시계는 머리에 있었다!

는 시교차(市交差)라는 부위 위에 있는 '시교차 상핵(上核)'이라 불리는 한 쌍의 신경 세포군 속에 존재하여 있다. 이 핵은 쥐의 경우는 지름 1㎜ 정도의 크기로 타원형을 이루고 있으며, 그 안에 약 1만 개의 신경 세포가 채워져 있다.

이 시계는 원래 24시간의 ±4시간 정도의 오차를 지니고 있으나 오차의 방향과 크기는 동물에 따라 다르지만 정확하게 24시간의 주기가 되도록 지구의 자전으로부터 생기는 명암 사이클에 의해 항상 미세하게 조정되어 있다. 즉, 24시간 주기의 명암 사이클이라는 정보는 일단 눈의 망막에 수용되고 거기서부터 '망막 시상 하부 투사(投射)'라고 불리는 신경 경로를 통해서 시신경과 평행으로 달려가 최종적으로는 시교차 상핵에 전달되는 구조다. 이것도 무어 그룹의 연구에서 밝혀졌다.

사람의 경우도 이와 같은 명암 사이클을 시각 수정 인자로 하는 개일시계가 시교차 상핵에 존재하고 있는 것으로 생각된다. '배꼽시계'는 뱃속에 있는 것이 아니라, 뇌의 깊숙한 곳에 있는 셈이다. 자명종의 벨이 시계 본래의 기능과는 관계가 없듯이 배가 고플 때 배에서 소리가 나는 것도 '배꼽시계'가 거기에 있기 때문이 아니라 시교차 상핵으로부터의 지령을 받아 시간을 알리는 단순한 신호에 지나지 않는 셈이다.

그러므로 식사 시간은 일정한 것이 좋다

쥐의 섭취 행동을 자세히 관찰해 보면 하루 세 끼라고 하는 사람의 섭식 패턴과 의외로 흡사한 점에 놀라게 된다. 물론 쥐는 완전한 야행성이고, 동물로서의 사람은 본래 주행성이기 때문에 밤낮의 관계는 역전될 수밖에 없다. 그러나 쥐의 한 시간당 섭취량의 변화를 추적해 보면 오후 9시경, 오전 1시경, 오전 6시경으로 도합 세 번의 섭취량이 급증하는 시간대가 있다(〈그림 3-2〉의 화살표).

이 섭취량의 최곳값을 가리키는 시간대는 깨어 있는 동안은 끊임없이 먹이를 취하는 쥐에게는 인간의 식사 시간에 해당하는 것으로 보면 된다.

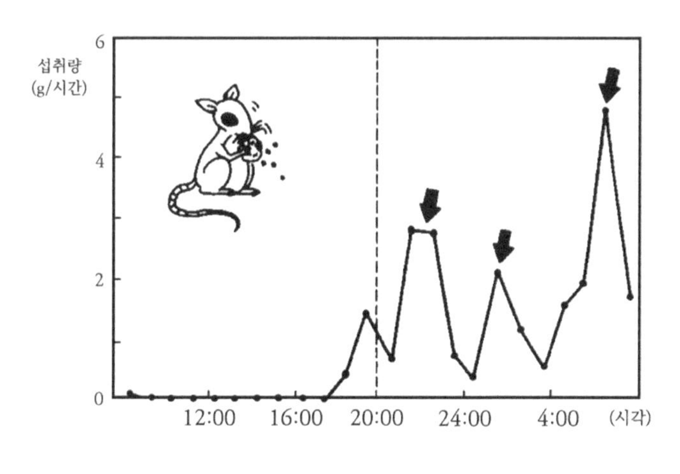

그림 3-2 | 쥐의 하루 섭취 행동

그렇다면 오전과 오후를 거꾸로 했을 뿐 이들의 식사 시간은 인간과 완전 일치된다.

쥐를 사용한 실험에 따르면 섭취량의 시간 분배율은 시교차상 핵으로부터의 시각(時刻) 정보가 섭취 중추와 포식 중추의 번갈아 일어나는 흥분도를 결정하는 결과에 따르는 것으로 생각된다.

섭취 행동이 일정한 개일 리듬을 나타내는 것은 그것이 생물시계가 발생하는 시각 정보에 의해 조절되기 때문이다.

더욱이 흥미로운 점은 이 시각 정보는 신경 경로를 통해 섭취 포식의 두 중추에 작용하여 양자의 포도당에 대한 수용체의 감도에까지 영향을 끼쳐 일주(日周) 리듬을 형성하고 있다.

이같이 하여 시교차 상핵의 세포군은 혈당 저하 작용을 갖는 인슐린

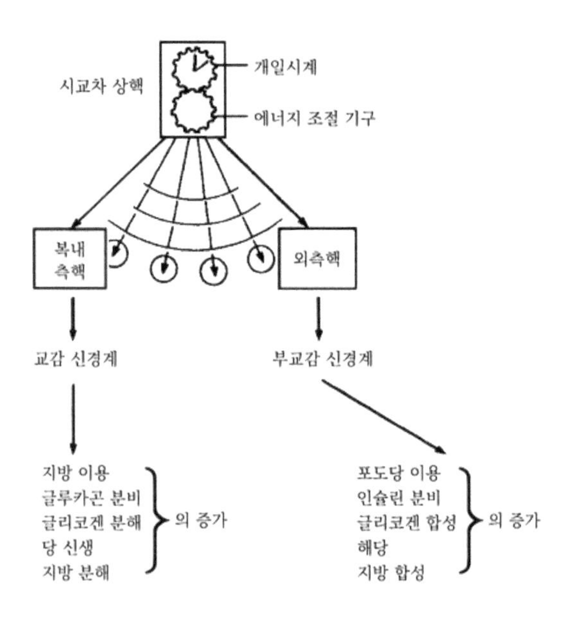

그림 3-3 | 생물시계와 뇌의 에너지 조절 기구의 동조

이나 그와는 반대로 혈중의 포도당 농도를 높이는 글루카곤(Glucagon) 등의 호르몬 분비를 조절하며, 나아가서는 하루 중에서 각 시간마다 적절하고 원활하게 뇌로 포도당이 공급되도록 조절하는 기능을 지니고 있다(그림 3-3).

따라서 어떤 사람의 식사 시간대가 정해져 한번 습관화되어 버리면 그 시간대에 식사를 하는 편이 다른 시간대에 식사하는 것보다 인슐린이 분비되기 쉽다. 인슐린의 분비가 촉진되면 음식물 성분이 체내로 동화되기 쉬워진다. 뇌의 경우는 인슐린 자체가 포도당을 뇌 안으로 운반하는 데에 도움이 되는 일은 없으나 식간에 포도당의 공급원이 되는 저장형 글리코겐의 합성을 촉진함으로써 간접적으로 뇌에 대한 영양 보급을 원호하게 된다.

또, 일정한 식사 시간대에서는 영양 물질의 흡수 효율이 상승하는 등 소화, 흡수 및 그 후의 대사를 포함한 일련의 과정에서 여러 가지 기능이 향상된다. 이런 수반 현상을 이른바 '등시각성(等時刻性)'이라고 한다.

그러므로 세 끼 식사 시간에 어김없이 영양이 있는 음식물을 먹고 있는 한, 등시각성에 의해 소화, 흡수도 잘 되고 더욱이 그때마다 시간에 맞춰 인슐린이 분비되고 있기 때문에, 일단 분비된 음식 성분이 단백질, 지방, 글리코겐 등으로 효율적으로 동화된다.

반대로 식사 시간을 벗어나서 섭식하면 인슐린 분비량이 상대적으로 적어진다는 사실도 지적되고 있다. 따라서 식사 시간대를 자기의 생물시계에 어떻게 입력시키느냐가 신체나 뇌에도 영양학상으로 중요한 문제이다.

바쁘다는 핑계로 언제까지나 불규칙한 식생활을 계속하게 되면 등시각성이 입력되지 않을 뿐더러 효율적인 영양 섭취는 바랄 수가 없다. 뇌의 기능이 활성화되지 않는 것은 물론, 신체의 건강 면으로도 좋지 않다.

그렇다고 해서 지나치게 터무니없는 식사 시간대를 습관화하는 것도 바람직한 일이 못 된다. 앞에서 살펴본 쥐의 섭식 패턴으로도 알 수 있듯이 사람도 동물인 이상, 역시 자연스러운 시간대가 저절로 정해질 것이다. 그것이 아침, 점심, 저녁의 하루 세 끼의 식습관을 확립하게 된 또 하나의 생리학적 이유일 것이다.

공포의 야식증후군

이상으로 '식사 시간'에 대해서는 일단 이해가 되었을 줄 안다. 나머지 세 번째의 문제는 '저녁 식사가 사실상 밤참(야식)이 되어 버린다면 어떻게 될까'하는 문제이다.

이런 식생활을 계속하고 있는 사람들은 우리 주변에서 뿐만 아니라 미국인들에게서도 많이 볼 수 있다. 그리고 그들의 대부분이 비만증에 시달리고 있다. 스탠카드(A. J. Stankard)는 이같이 아침 식사도 점심 식사도 거의 먹지 않고, 밤이 되어서야 한꺼번에 대량의 식사를 섭취하는 이상한 식습관에 따른 비만증 등에 '야식증후군(夜食症候群)'이라는 의미심장한 병명을 붙였다.

야식증후군이 비만증을 가져오기 쉬운 이유도 식사의 등시각성으로써 설명할 수 있다. 그것을 입증하는 실증적인 연구를 사람을 대상으로 하여 한 것이 할버그(F. Halberg)의 실험이다. 그들은 하루 몫의 식사량을 아침 한 끼로 섭취하는 그룹과 밤에 한 끼로 섭취하는 그룹으로 나누어 체중의 증감을 관찰했다.

그 결과 아침에 한 끼만 먹는 그룹은 체중이 감소했고, 밤에 한 끼만 먹는 그룹은 반대로 체중이 증가했다. 또, 흥미로운 점은 아침 한 끼의 그룹에서는 인슐린과 글루카곤의 혈중 호르몬 농도가 섭식과 동시에 증가한 반면, 밤에 한 끼만 먹는 그룹에서는 섭식의 시작과 더불어 인슐린이 증가하여 꽤 긴 시간 높은 수준을 유지하기는 했으나 글루카곤은 인슐린보다 훨씬 뒤늦게 증가하는 사실이 발견되었다.

야식증후군의 공포

만약 이 보고가 사실이라고 하면, 아침에 한 끼를 먹는 그룹의 체중이 감소한 것은 아침 식사 때에는 인슐린의 동화 작용과 글루카곤의 이화(異化) 작용이 상쇄되므로 지방이 축적되지 않았기 때문이라고 추측된다. 그에 대해 밤에 한 끼를 먹는 그룹에서는 인슐린의 동화 작용이 우선했기 때문에 지방이 축적되어 체증이 증가한 것이 아닐까?

이런 실험을 소개하면 그저 날씬해지기 위해서 이런저런 방법으로 다이어트를 시도하는 여성들 중에는 '그렇다면 나도 내일부터 아침 식사만 먹기로 할까'하고 말할 사람이 나타날지 모른다. 확실히 밤에 한 끼를 먹는 것보다 아침 한 끼를 먹는 편이 날씬해질지 모르나 역시 세 끼 식사를 규칙적으로 먹지 않는다면 머리가 비어 버릴지도 모른다.

장거리 통근자의 저녁 식사 시간이 늦어지는 것은 어쩔 수 없는 일일지 모른다. 가족의 생활을 지탱해야 할 한 집안의 주인인 데다, 누가 그렇게 하라고 해서 하는 것이 아니라 자기가 택한 운명이기 때문이다.

그렇더라도 야식은 삼가고 가능한 한 아침 식사를 규칙적으로 먹고 나가는 것이 좋다.

심하게 말하면, 수염을 깎고 넥타이를 매는 일은 출근 후에도 할 수 있다. 아침 시간이 귀중하다면 그런 시간을 아껴서라도 어쨌든 식탁에 앉은 다음에 집을 나간다는 결심으로 가족의 협력을 구하는 것이 어떨까? 작업 능률도 한층 향상되고, 통근에서 오는 스트레스도 크게 경감되어 산뜻한 기분으로 매일을 살아갈 수 있을 것이다.

2. 생물시계는 도움이 된다

시차병의 극복법

얼마 전까지만 해도 해외 출장이라면 상사원들의 특권처럼 생각되었다. 그러나 지금은 어느 업종, 어느 기업에서나 해외 출장의 경험자가 없는 곳이 없다. 국제화 시대에 걸맞게 비즈니스맨에게도 세계적인 활동이 기대되고 있다. 그런 경우, 고민거리가 두 가지 있다. 첫째는 말할 필요도 없이 영어 회화 실력이다. 자기 나름으로는 꽤나 한다는 '영어에 능숙한 사람'이라도 미국이나 유럽의 거리 한가운데에 혼자 놓이면 몹시 불안하여 그만 향수병에 빠지게 된다.

또 하나의 고민은 '시차병'이다. 필자도 학회 관계로 미국에 가는 기회가 많다. 그때마다 시차병이 낫지 않아 고생을 한다. 음식도 맛있지 않고, 머리도 띵하고 무거운 상태가 계속된다.

이 시차병이라는 현상은 앞 절에서 소개한 시교차 상핵의 생물시계와 밀접한 관계가 있다. 그러므로 시차병의 메커니즘을 아는 것이 뇌기능의 활성화나 그것을 위한 식사법을 이해하는 데에 큰 참고가 된다.

야식증후군에서 소개한 할버그가 시차병에 대해 재미있는 실험을 하고 있다. 미국의 미네소타대학의 교수인 할버그는 생물리듬의 연구에 대한 세계적 권위자이다.

그는 미네소타발 로마행의 정기 항공편과 마닐라행 정기 항공편의 승무원을 대상으로 그들의 생리적 기능이 도대체 며칠 후에 현지 시간에 적응하는가를 조사했다. 자각 증상으로서의 시차병뿐만 아니라, 조종사나 스튜어디스의 생체 자체에서 일어나는 미묘한 생리적 변화를 추적해 보았던 것이다. 조사 결과는 동쪽으로 가는 미네소타~로마행 승무원이 8~9일이 걸려서야 현지 시간에 적응하는 데 비해, 서쪽으로 가는 미네소타~마닐라행 승무원의 대부분은 불과 3일 만에 적응할 수 있었다. 거리로는 어느 쪽으로 가나 거의 같다. 따라서 시차병의 정도는 비행 거리나 이동 시간의 차이보다는 동쪽으로 가느냐, 서쪽으로 가느냐 하는 것에서 훨씬 큰 영향을 받는다는 것이 증명되었다.

시차병이 일어나는 것은 뇌 안의 시각 조절 기능이 외계의 시간 환경의 변화를 따라가지 못하여 체내의 에너지 대사의 리듬이 이상을 일으키기 때문이다. 인간의 경우는 개일시계의 주기가 다른 동물과는 달라서 24시간보다 약간 길다고 한다. 이를 지구의 자전 주기에 맞추기 위해서는 외계로부터의 빛의 정보를 실마리로 한 미묘한 시각 조절 기능에 의존해야 한다.

동쪽행이 서쪽행보다 시차병을 일으키기 쉽고, 그 정도가 커지는 이유는 여기에 있다. 즉 동쪽행의 경우에는 하루의 길이가 자꾸 짧아진다. 그 때문에 시각 조절을 필요로 하는 시간의 길이도 통상보다 길어진다. 이에 반해 서쪽행의 경우는 하루의 시간이 길어지기 때문에 생물시계의 하루가 본래 길었던 몫만큼 뇌의 부담도 가벼워지게 된다.

뇌의 생물시계가 식사 시간과도 밀접하게 관계하고 있다는 것은 앞에서 설명한 대로다. 그래서 이 점에 착안하면 현지 시간에 빨리 적응하기 위한 좋은 아이디어가 나온다. 그것은 어쨌든 현지의 식사 시간에 맞추어 음식을 먹는 간단한 방법이다.

기내에서도 주는 음식은 적극적으로 먹는다. 현지에 도착하면 현지의 시계에 맞추어 평소의 식습관을 유지한다. 근본적인 시차병 대책은 뒤에서 설명하는 '특효약'이 개발되지 않는 한 현재로는 이런 처방밖에 없다고 생각한다. 물론 처음에는 뇌도 신체도 이 갑작스러운 변경에 금방 적응하지 못한다. 더욱이 동쪽행 코스는 연달아 식사가 나오기 때문에 제대로 한 끼 몫을 다 먹으면 두 끼째, 세 끼째는 식사가 목을 넘어가지 않는다.

중요한 일은 섭취량이 아니라 어디까지나 시간대이므로 이럴 때는 의식적으로 한 끼 몫의 섭취량을 줄이는 편이 낫다. 반대로 서쪽행 코스의 경우는 한 끼 식사를 약간 많이 들고, 평소보다 긴 식간에는 다소 배가 고파도 참고 다음 식사가 나올 때까지는 간식을 취하지 않는 편이 좋다.

시차병을 거꾸로 이용

시차병에는 특별한 방법이 없다고 생각할지 모르나 원리를 거꾸로 이용하면 뜻밖의 효과를 얻을 수가 있다. 그런 관점에서 출발한 학문이 '시간 약리학(時間藥理學)'이다. 시간 약리학의 국제학회는 1983년, 스위스의 몽트뢰(Montreux)에서 1회 연구회를 개최했다. 필자도 이 학회에 관계하고 있으나 서양 학자와 필자와는 이 학문에 대한 입장에 다소 차이가 있다.

생물시계는 뇌나 신체의 모든 기능을 지배하고 있는 것으로 추정된다. 혈액-뇌관문에 관해서도 예외가 아닌 것 같다. 쥐에게 서양 고추냉이를 먹여 조사해 보면 거기에 함유되어 있는 효소단백질의 혈액-뇌관문 통과성이 하루의 시간대에 따라 두드러지게 변화한다는 보고가 있다. 이것이 사실이라면 혈액-뇌관문뿐만 아니라, 신경 세포가 영양 물질을 흡수하는 데도 시각 의존성이 있다 해도 이상할 것은 없다. 그 밖에 이를테면 약의 효과 등도 복용하는 시간대에 따라서 효과가 달라질 것이다.

서양 학자들이 갖는 시간 약리학에 대한 주요 관심사는 여기에 있다. 즉, 그들은 약이 지니는 시각 의존성을 해명하여 약의 새로운 복용 방법을 찾으려 하고 있다. 어떤 약을, 그것이 가장 효과를 발휘하는 시각에 복용하게 하면 소량으로도 유효하게 될 것이므로 약의 과용을 줄일 수 있고 따라서 부작용도 필요한 최소한으로 억제할 수 있을 것이다.

복용 시간에 따라 효과가 크게 좌우되는 약도 많이 발견되어 있다. 그중에서도 극적인 변화를 나타내는 것이 암 억제제의 하나이다. 이를테면 독소루비신이라 불리는 제암제는 오전 중에 투여하면 매우 좋은 효과를 발휘하지만, 잘못하여 저녁 무렵 투여하면 심한 부작용을 일으킨다. 시스플라틴이라는 제암제는 독소루비신과는 전혀 반대의 시각 의존성을 나타낸다.

이런 실례를 본다면 약뿐만 아니라 보통의 식사로부터 섭취하고 있는

오전 중에 복용하여 효과가 있는 약도 저녁에 복용하면 부작용이 있다!

일반 영양소에 대해서도 그 소화나 흡수, 뇌나 산체로의 작용에 어떤 시각 의존성이 있지 않을까 하는 생각이 든다. 만일 그와 같은 사실이 밝혀진다면 뇌 영양학의 발전에도 중요한 힌트가 될 것이다.

그러나 시간 약리학에 대한 필자의 당면 관심사는 좀 다른 곳에 있다. 한마디로 말하면 생물시계가 어떻게 하여 리듬을 발생하고 있는지 그 메커니즘을 해명하고, 그 원리에 바탕을 두어 뇌나 신체의 리듬 자체를 움직이게 하는 약을 발견할 수 없을까 하는 점이다.

알다시피 심장 발작이나 천식, 류머티즘 등의 발작은 야간이나 새벽에 일어나기 쉽다. 해산 시간도 웬일인지 밤중에서부터 아침 녘에 집중되어 있다. 여기서 만약 생체 리듬을 약으로 자유로이 늦추어 줄 수 있다면 병의 발작이나 해산이 낮에 이루어질 수 있을 것이다. 그렇게 되면, 의사나 주위 사람에게 발견되지 못한 채, 밤중에 죽는 사람들이 구제될 수 있는 확률이 높아지고, 한밤중에 산부인과 병원으로 가야 하는 고역도 줄어들 것이다. 물론 그런 약이 있다면 시차병에 시달릴 필요도 없다.

최전선은 스릴 만점

현재, 생물의 일주 리듬을 혼란하게 만드는 것 정도는 이미 가능하다. 예를 들어 인슐린을 쥐의 뇌 속으로 일정하게 주입하면 쥐의 일주 리듬을 확실히 파괴할 수가 있다. 혈액-뇌관문에 존재하는 포도당 수송체에는 인슐린의 감수성이 없으나 인슐린의 수송체의 존재는 혈액-뇌관문에서 확인되고 있어 뇌 안에도 인슐린의 수용체가 존재한다는 것이 알려져 있다. 그래서 인슐린을 뇌로 직접 투여하면 이 수용체를 통해서 생물시계를 혼란시키는 것으로 생각된다.

인슐린 수용체와 마찬가지로 뇌 안에는 혈액-뇌관문을 통과할 수 있는지의 여부가 밝혀지지 않은 당질 코르티코이드(Corticoid)라는 호르몬의 수용체가 다수 존재한다. 특히 해마나 해마와 밀접한 관련이 있는 영역에 많다는 사실이 확인되어 있다. 앞에서 말했듯이 해마는 공간 기억의 축적에 관여하고 있어, 말하자면 기억력의 좋고 나쁨, 즉 머리의 좋고 나쁨을 결정하는 중요한 영역이다.

또 흥미로운 점은 이 당질 코르티코이드의 수용체 구조는 프로토온코진(Protooncogene, 암 원유전자)이라 분리는 발암 유전자와 흡사한 유전자가 합성하는 산물과 매우 유사하다. 또 필자는 최근에 태아의 뇌 속에서 일종의 효소를 발견하여, 이 효소에는 암 유전자를 인산화하여 발암을 억제하는 작용이 있는 듯한 것을 알았다. 어쩌면 신경 세포에 암이 적은 것은 이 효소의 존재와 관계가 있을지 모른다.

뜻하지 않게 이야기가 최전선으로까지 비약해 버렸지만 이처럼 정보영양학의 발견은 의외의 곳에서 암 연구의 문제점 타개에도 공헌하고 있다.

근본적으로, 뇌의 분화와 발암이란 서로 이웃 관계의 현상으로 생각된다. 아직 실증되지는 않았지만 앞에서 말한 인슐린이나 코르티코이드는 본래 뇌 속에 수용체가 존재하며, 수용체에 적합하기 때문에 호르몬이 되었다고 생각할 수 있다. 또, 수용체들이 활성화함으로써 발암 작용을 일으키고 있을 가능성도 있는 등 뇌 영양학에는 스릴 넘치는 문제가 산적해 있다는 사실을 여기서 꼭 덧붙여 두고 싶다.

한편, 핵심적인 생물 리듬을 자유자재로 조작하는 약은 유감스럽지만 현재로서는 실용되고 있는 것은 아직 없다. 이것도 뇌 영양학에 부과된 커다란 과제 중 하나이다.

잠을 이루지 못하는 밤에는 '단것과 고기'

생물시계를 수정하는 방법으로서 식사법이나 약에 대한 기대를 말했으나 실은 또 한 가지 손쉬운 방법이 있다. 그것은 수면 시간을 잘 택함으로써 시각 조절 기능을 원활하게 작용시키는 방법이다. 수면에 대해서는 여러 가지 사실이 밝혀져 왔지만 그 메커니즘의 본질은 아직도 수수께끼에 싸여 있다.

그러나 프로스타글란딘 D2나 유리딘 등의 생체 정보 물질이나 세로토닌이라 불리는 신경 전달 물질에는 분명히 수면을 유발하는 작용이 있다는 것이 확인되어 있다. 또, 시상 하부로부터 뻗은 세로토닌 작동성 신경 세포가 수면을 촉진시킨다는 사실도 알려져 있다.

불면증에 시달리는 사람은 매우 많다. 이런 사람은 만성적인 수면 부족의 결과로 뇌의 기능도 영양만으로는 뜻대로 활성화되지 않는다. 역시 자야 할 때는 푹 자는 것이 '머리를 좋게 하는' 데에도 가장 좋다. 그러나 불면증인 사람에게도 희망은 있다. 식사를 섭취하는 방법에 따라서는 세로토닌 작동성 신경 세포 중의 세로토닌 농도를 증가시킬 수 있으며 따라서 잠을 이루지 못하는 밤에는 안면으로 이끌어 주는 방법이 있다.

즉, 저녁 식사 메뉴에 필수 아미노산인 트립토판을 풍부히 함유한 식품과 단것을 포함시키는 것이다. 이유는 다음과 같다.

세로토닌만을 증가시켜서 안면을 취할 수 있다면 그것을 직접 섭취하는 것이 가장 손쉬운 방법일 것이다. 그러나 혈액-뇌관문에는 세로토닌을 분해하는 효소가 있기 때문에 실제는 세로토닌을 공급해도 뇌 안의 세로토닌 농도는 거의 증가하지 않는다. 그러나 세로토닌의 전구 물질인 트립토판의 투여로 뇌 속의 세로토닌 농도를 증가시켜 세로토닌 작동성 신경 세포의 수면 유발 작용을 촉진시킬 수는 있다.

그런데 트립토판은 염기성 아미노산인데도 혈액-뇌관문에서는 중성 아미노산 수송체의 도움을 받지 않으면 뇌 안으로 들어가지 못한다. 이 수송체는 한 가지뿐이며, 다른 아미노산이 혼재하면 서로 간에 경합이 일어나 뇌 안으로 흡수되는 비율이 둔화한다는 것은 이미 앞에서 설명했다. 특히 류신, 이소류신, 발린과 같이 항상 혈중 농도가 높은 수준을 유지하고 있는 아미노산과 경합하면 트립토판은 지고 만다.

예를 들어, 육류에는 트립토판이 풍부하게 함유되어 있으나 류신, 이소류신, 발린 등의 함유율은 그보다 훨씬 더 높다. 따라서 설사 육류만을 많이 먹어도 실제는 뇌 안으로 흡수되는 트립토판이 오히려 줄어든다.

이를 피하기 위해서는 단것을 육류와 함께 섭취하는 것이 좋다. 당류를 섭취하면 인슐린의 분비가 높아진다. 인슐린은 류신, 이소류신, 발린 등이 골격근으로 흡수되는 것을 촉진하므로, 이들 트립토판과 경합하는 아미노산의 혈중 농도를 낮추는 데 효과가 있다. 이에 반해 트립토판에 대해서는 거의 영향이 없다. 결과적으로 트립토판이 뇌로 증가 흡수되어 뇌만 세로토닌 농도가 증가하게 되는 메커니즘을 갖고 있다.

이런 방법을 사용한 실험에 의하면 건강한 사람이나 불면증 환자도 잠에 이르는 시간이 짧아지고, 특히 중간 정도의 불면증에는 두드러진 효과가 나타났다고 한다. 스테이크의 디너로 아이스크림 등의 후식이 따르는 이유도 여기에 있을지 모른다.

4장

머리가 좋은 아이로 키우는 메뉴
[뇌의 발육과 6세까지의 영양]

1. 태아의 뇌는 모체의 영향을 받는다

여섯 살 때 머리 80까지

'아내가 임신하면 곧 태교를 시작한다. 임신한 부인의 행동은 그대로 태아에게 영향을 끼치기 때문이다. 그 이유로 특히 몸가짐이 단정해야 한다. 앉을 때도 좌석이나 방석을 반듯하게 정리하여 앉고, 단정하게 자야 하며, 잘 때도 팔베개 등 아무렇게나 눕는 것은 금물이다. 좋지 않은 음식을 먹지 않고, 불쾌한 색깔을 보지 않도록 주의하며, 틈이 있으면 시경(詩經)을 듣도록 한다. 그리하면 남달리 재기를 지닌 훌륭한 아이가 태어난다고 한다.'

이 말은 현대 육아서에서 인용한 것처럼 생각되겠지만, 실은 1000여 년 전 중국에서 널리 믿어지고 있던 일반 상식이다.

그러나 '몸가짐을 단정히 한다'는 관점만 제외하면, 여기서 말하는 임산부에 대한 조언은 현대에도 그대로 통용될 수 있는 내용이다. 즉, 임신하였으면 마음을 편히 갖고, 즐거운 일만 생각하자, 술과 담배는 금물이다. 영양 있는 식사를 취하고 일찍 자고 일찍 일어나자, 집안일을 끝내면

6살까지의 식사가 인생을 결정한다!

태아 교육용 테이프를 들으며 편히 휴식을 취하자 등등, 현대의 태아 교육 붐과 다를 바가 없다.

이들 지시는 원칙적으로는 모두 옳다. 그러나 태아의 맥동에 맞춘 리듬 음악만을 계속하여 듣거나 비디오 가게에서 공포 영화의 비디오테이프를 빌려와 보고 있는 상태로는 태아 교육이 효과적일 수 없다.

어쨌든 간에 자기 자식의 머리를 좋게 하려고 한다면 엄마의 식사에도 나름대로의 배려가 필요하다. 특히 생후 한 살까지의 유아의 뇌 구조는 성인과는 근본적으로 다르기 때문에 그 시기의 음식물의 선택은 더욱 중요하다.

일반적으로 세 살까지 어떤 음식을 먹였는가, 어떤 방법으로 키워졌는가에 따라 그 사람의 일생을 좌우하는 기본적인 성격이 결정된다고 널리 믿고 있다. 이는 예로부터 사람의 뇌의 무게는 출생 후 3년쯤 사이에 성인의 크기와 비슷해진다고 하는 사실을 경험적으로 알고 있었던 데서 나온 인식으로 생각된다.

그러나 뒤에서 설명하듯이 실제로 뇌의 모든 부위의 세포 수가 성인 수준에 이르는 것은 생후 6년 경과부터이다. 그래서 필자는 영양학적 입장에서 '6살까지의 영양이 머리의 좋고 나쁨을 결정한다'는 주장을 소개하고자 한다.

어쨌든 간에 이 주장의 시기는 크게 셋으로 구분된다. 첫째는 수태로부터 생후 1년까지, 둘째는 3살까지, 그리고 셋째가 6살까지다. 여기서는 시기를 이같이 셋으로 나누어 각 단계별로 뇌의 발육 단계를 나타냄과 동시에 동시 '머리가 좋아지는 식사법'을 살펴보기로 한다.

중국요릿집 증후군

먼저 1기, 즉 수태로부터 생후 1세까지의 발육 과정에서 가장 중요한 유의점으로 등장하는 것이 혈액-뇌관문이다(1장에서 설명). 그러나 여기서는 뇌관문의 존재보다도 오히려 '부재(不在)'가 더 문제이다. 즉, 태아나 신생아에게는 혈액-뇌관문이 제대로 발달되지 않아서 체내로 섭취된 물질이 거의 걸러지지 않고 뇌의 내부까지 침입하기 때문이다.

혈액-뇌관문은 성인의 뇌에는 필요 불가결한 시스템이다. 뇌로 물질을 수송하는 입장에서 본 존재 이유는 이미 1장에서 설명했다. 반대로, 뇌 자체의 입장에서 본 존재 의의에 대해서는 다음과 같이 생각되고 있다.

혈액-뇌관문은 뇌의 액성(液性) 환경(체액의 상태)을 보증함으로써 일종의 절연 상태를 실현하여 뇌 안의 정보가 확산하는 것을 방지하고 있다. 또 이온을 비롯한 뇌 내 물질의 항상성(恒常性)을 유지함으로써 정보의 발신, 수용의 효율을 높이고 있다.

이런 중대한 역할을 담당하고 있는 혈액-뇌관문이 생후 1년 이내까지 열려 있는 상태로 되어 있는 것은 역시 뇌의 발육에 나름대로의 필요성이 있기 때문일 것이다. 즉, 충분한 양의 영양 물질을 공급하여 아직 발달하지 못한 뇌를 발육시키기 위해서는 관문이 없는 편이 좋기 때문이다.

예로서 미국에는 '중국요릿집 증후군'이라는 병이 있다. 이 병은 글루탐산의 과잉 섭취로 일어나는데, 이 별난 이름의 병은 뇌에 장해가 일어나는 증상으로 중국요릿집에서 많이 사용하는 조미료에 글루탐산소다가 대량으로 함유되어 있기 때문에 일어난다고 한다. 이를 검증한 실험에서도 뇌의 어느 특정 부위에 글루탐산을 주입해 주면 신경 세포가 사멸하는 결과가 증명되어 있다.

서양인 중에는 글루탐산 10여 그램을 섭취하는 정도로 이 병을 일으키는 사례가 있다. 그러나 동양 사람은 예로부터 글루탐산에 대한 '내성'이 있는 탓인지, 다소 많이 섭취한다고 해서 머리가 이상해지는 일은 없다. 우선 이 물질은 혈액-뇌관문에서 걸러진다.

문제는 태아와 한 살 정도까지의 유아이다. 이 시기의 뇌는 거의 프리패스이므로 글루탐산의 과잉 섭취가 뇌의 장해를 일으킬 가능성을 고려하지 않으면 안 된다. 이 시기에는 모자가 모두 약물이나 알코올류 등 뇌를 직접 공격하는 것뿐만 아니라 인공조미료의 과잉 섭취에도 주의해야 한다.

그와 같은 '위험 식품' 이외에 기본적으로 임산부는 무엇을 먹어도 좋다. 음식물은 먼저 엄마의 소화관에서 걸러지고, 다음에는 다시 태반에서도 걸러져서 태아의 몸으로 들어간다. 두 번이나 걸러지므로 설사 혈액-뇌관문이 발달하지 않았더라도 그런 해로운 물질은 태아의 뇌까지는 도달할 수가 없다.

역시 '태교'를 권장한다

사람의 경우는 태아기를 3기로 나누면 후기 초 무렵에는 신경 세포의 증식이 거의 완료된다. 임신 후기의 엄마의 극도의 영양 불량은 태아의 뇌에 중대한 장해를 줄 뿐만 아니라, 태반의 혈관 협착을 일으키기 쉽기 때문에 사산(死産)의 위험성도 높다. 그러나 그 이후라면 신경 세포의 증식이 완료되어 있기 때문에 엄마의 영양 상태가 태아의 기능에 커다란 영향을 끼치는 일은 없다고 보는 견해도 있다.

예를 들어 2차 세계대전 중의 네덜란드에서는 식량난 때문에 당시에 탄생한 아이들의 체중이 평균 200g 정도 낮았다. 그러나 네덜란드 정부의 추적 조사에 의하면 병역 시의 지능 테스트에서는 다른 세대의 같은 연배의 사람들과 전혀 차이가 없었다고 한다.

그러나 다른 주장도 있다. 소뇌의 미세 신경 세포는 임신 후반기 이후에도 증식을 계속하기 때문에 임산부의 영양 상태의 사소한 차이가 역시 아이들의 머리에 영향을 끼치는 것이 아닐까 하는 견해가 있다. 예로서, 교배 1개월 전부터 단백질이 결핍된 먹이를 준 쥐에게 태어난 새끼의 뇌 중량은 출생 시에는 평균보다 상당히 낮았다. 더욱이 이렇게 태어난 쥐새끼를 키워 다시 새끼를 치게 하면 2세에서는 뇌중량, 단백질, DNA양 모두 두드러지게 감소했다는 실험 보고가 있다.

이런 결과를 보더라도 임산부가 지나치게 식사를 제한하거나 편식을 하는 것은 태아에게 바람직하지 못하다는 것을 알 수 있다. 어쨌든 영양이 균형 잡힌 식사를 세 끼마다 빠짐없이 먹는 것이 '태교'의 진수이다.

2. 모유와 생선을 권장한다

한 살이 지나서가 키 포인트

앞에서는 '머리가 좋은 아이로 키우는 메뉴'를 살펴보았다. 균형 잡힌 세 끼 식사를 취하는 한 특별히 주의해야 할 문제점은 없었다. 그러나 출생 후가 되면 문제가 달라진다.

우선, 생후 한 살 정도까지는 뇌관문이 거의 완성되는 시기이다. 뇌의 무거운 문이 닫히는 것이다. 또, 다른 동물과 비교했을 때 사람은 출생 시에 뇌중량의 증가율이 최고로 된다(그림 4-1).

따라서 뇌의 발육 속도도 이 시기에 급상승하는 것으로 볼 수 있다. 뇌중량의 증가는 주로 1장에서 소개한 모세혈관의 증가와 글리아 세포의 증식에 의해 일어난다.

글리아 세포가 뇌기능에 불가결한 역할을 하고 있다는 것은 여러 곳에서 지적했다. 글리아 세포의 역할을 한 가지만 더 예를 들어 첨가한다면 중추 신경계의 신경 세포가 괴사(壞死)하면 그 신경 세포는 다시 재생되지 않으나 괴사한 부분은 글리아 세포의 급속한 증식으로 금방 메워진다. 이

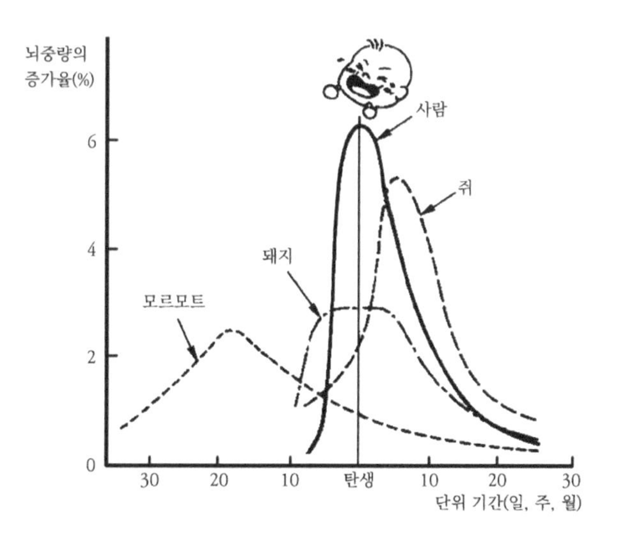

그림 4-1 | 뇌의 발육 속도. 단위 기간으로 사람은 월령, 돼지는 주령, 모르모트와 쥐는 일령을 취하고 있다. 세로축은 성숙한 뇌의 중량에 대한 증가율이다[도빙(J. Dobbing), 1974]

렇게 글리아 세포는 새로운 신경 세포가 돌기를 뻗어가 부자연한 시냅스를 형성하고, 그 때문에 뇌 내의 정보망이 혼란에 빠지는 것을 미연에 방지하는 역할을 하고 있다.

한편, 뇌중량의 증가에 대해서는 글리아 세포를 구성 성분 면으로 볼 때 그 60%까지 지방이 차지하고 있다. 따라서 유아의 뇌에는 지방의 섭취가 얼마나 중요한지 알 수 있다. 그 시기에는 지방 중에서도 특히 '긴 사슬 다가불포화 지방산'이라 불리는 종류의 영양소 공급이 필수적이다. 그래서 이 영양소의 효과와 음식물로부터의 섭취 방법에 대해 좀 더 자세히 설명하겠다.

다가불포화 지방산이란 리놀산이나 리놀렌산처럼 이중 결합을 많이 갖는 지방산으로 다가불포화 지방산이 많이 함유된 음식물을 섭취하면 혈중 콜레스테롤 농도가 낮아지기 때문에 허혈성(虛血性) 심장질환이 예방된다고 한다.

따라서 리놀산이 많이 함유된 식품을 섭취하도록 권장되고 있다. 그러나 리놀산만의 과잉 섭취는 그다지 의미가 없다. 필요한 것은 리놀산과 리놀렌산의 적절한 비율, 즉 이들의 균형이 맞아야 하며 그런 의미에서 리놀렌산을 많이 함유하는 콩류, 녹색 야채, 어육 등을 섭취하는 것이 중요하다.

리놀산과 리놀렌산은 체내에서는 합성되지 않기 때문에—리놀렌산은 체내에서 리놀산으로부터 합성할 수도 있으나 그 양이 극히 적은 것으로 보고 있다—필수 지방산이라 하며 반드시 음식물로부터 섭취하지 않으면 안 되는 영양소의 무리이다.

젖먹이의 뇌에 중요한 지방산

긴 사슬 다가불포화 지방산은 정확히 표현하면 탄소 20원자 이상을 갖는 다가불포화 지방산의 일종으로 짧은 사슬인 리놀산이나 리놀렌산과는 구별된다. 긴 사슬 다가불포화 지방산이 유아의 뇌 발달에 매우 중요한 이유는 주로 다음과 같은 네 가지 관점에서 설명된다.

첫째, 이 지방산은 세포막의 구성 성분으로서 뇌 내 모세혈관의 내피 세포 형성과 보전에 중요한 역할을 하고 있다.

둘째, 시냅스 부분의 세포막에 많이 존재하며 막의 유동성을 보전하는 작용을 지니고 있다. 콜레스테롤은 막을 딱딱하게 하며 긴 사슬 다가불포화 지방산은 반대로 이것을 부드럽게 만든다. 막의 기능을 유지하기 위해서는 콜레스테롤과 긴 사슬 다가불포화 지방산이 모두 필요하나, 특히 여기서는 후자에 의한 운동성이 효과를 발휘한다.

이는 시냅스로부터 방출된 신경 전달 물질이 다른 신경 세포로 정보를 전달할 때는 일단 수용체와 결합해야 하는데 막 속에 묻혀 있는 수용체의 기능은 막의 유동성이 큰 편이 발휘되기 쉽기 때문이다. 또, 신경 전달 물질이 수용체와 결합한 후의 반응을 중개하는 막 내 효소류의 기능도 막의 유동성에 어느 정도 의존하고 있는 것으로 생각된다. 그래서 신경 정보의 교환에 소용되는 것은 리놀산이나 리놀렌산이 아니라, 그들로부터 합성되는 긴 사슬 다가불포화 지방산의 일종인 아라키돈산, 도코사헥사에논산 등이다.

셋째, 아라키돈산은 뇌 속에서는 자극에 따라 인지질로부터 분리되어 프로스타글란딘류와 같은 생리 활성 물질을 합성하여 뇌에 특유한 작용을 한다.

아라키돈산을 전구체로 하는 프로스타글란딘 E2는 체온 조절 중추가 있는 시상 하부의 시속전야라는 부위에 많이 존재한다. 프로스타글란딘 E2를 시속전야에다 주사하면 발열을 일으키는 데서부터 이 물질은 체온을 상승시키는 중요한 역할을 하는 것으로 추정된다. 뇌의 온도를 올린다는 것은 뇌의 활성화와도 연관이 있기 때문에 아라키돈산의 섭취가 결국은 뇌기능의 충실과 이어지는 셈이다.

또, 프로스타글란딘 D2라는 정보 물질은 뇌의 여러 영역에서 합성되며, 이 물질에는 수면 유발 작용이 있다는 것도 현재 오사카 바이오 사이언스 연구소에 있는 하야이시 소장 그룹의 훌륭한 연구 결과에서 밝혀져 있다.

뇌를 활성화하든 수면을 촉진하든 간에 긴 사슬 다가불포화 지방산을 뇌에 공급하는 것은 필수 불가결한 일이다.

넷째, 이것은 지방이라고 하는 영양소에 대해 일반적인 얘기지만 지방 섭취가 부족하면 비타민 A, D, E, K 등의 지용성(脂溶性) 비타민의 흡수도 나빠진다. 비타민 A와 D는 지방의 불포화도가 높아질수록 흡수되기 쉽다.

그리고 비타민 A의 흡수가 나빠지면 야맹증에 걸릴 뿐만 아니라 신경 조직의 발육이나 분화에도 나쁜 영향을 미친다.

또, 비타민 D는 소화관으로부터 칼슘 이온을 흡수하는 데에 필수적이며 칼슘 이온은 신경 정보의 전달에서 신경 전달 물질의 정보를 받아 건네주는 2차 메신저 구실을 하는 일도 있다. 최근의 지식에 의하면 칼슘 이온에는 학습을 촉진하는 효과가 있다고 한다.

이상의 네 가지 이유로부터 긴 사슬 다가불포화 지방산의 섭취는 뇌의 발육과 기능의 활성화에는 반드시 필요한 일로 결론지을 수 있다. 따라서 일반적으로 말하여 리놀산이나 리놀렌산 등의 필수 지방산이 많이 함유된 식품을 섭취하는 것이 좋다. 앞에서 말했듯이 아라키돈산 등의 긴 사슬 다가불포화 지방산은 체내에서 리놀산이나 리놀렌산으로부터 합성할 수 있기 때문이다. 아라키돈산 등의 긴 사슬 다가불포화 지방산은 체내에서 리놀산이나 리놀렌산으로부터 합성할 수 있기 때문이다. 아라키돈산이 필수 지방산으로 분류되어 있지 않은 것은 이 때문이다.

그러나 뇌의 경우는 다른 신체 부분과는 달리 리놀산이나 리놀렌산으로부터의 긴 사슬 다가불포화 지방산의 합성률이 매우 저조한 것이 특징이다. 그러므로 필수 지방산뿐만 아니라 긴 사슬 다가불포화 지방산 자체를 다량으로 함유한 식품을 선택하는 것이 중요하다. 실제로 이 지방산이 결핍된 먹이로 키운 쥐는 학습 기능이나 그 밖의 신경 기능에 장해를 일으키기 쉽다는 사실이 알려져 있다. 또 갓 태어난 새끼 쥐의 뇌의 발육에는 아라키돈산이 리놀산보다 2~3배나 더 효과가 있다는 보고도 있다.

콩을 좋아하는 어머니의 젖은 최고!

그러면 다음에는 이 지방산을 섭취하는 방법을 살펴보자. 우선 태아에 대해서는 그다지 신경을 쓸 필요가 없다. 엄마가 리놀산이나 리놀렌산이 많이 함유된 음식물을 섭취하고 있는 한, 모체 안에서는 그것들을 재료로 아라키돈산이나 도코사헥사에논산 등이 합성되어 태반을 통해 태아의 뇌로 공급되기 때문이다.

마찬가지 이유로 이들 지방산은 모유 속에도 공급되어 풍부하게 함유되어 있다. 생후 1년 정도까지의 유아를 엄마의 젖으로 키울 때 여러 가지 장점이 있지만 이 점도 이유의 하나로 들 수 있을 것이다.

한창 발육할 때는 생선고기가 최고!

참고로 모유에 긴 사슬 다가불포화 지방산을 증가시켜 '머리가 좋은 아이로 키우기' 위해서는 엄마가 리놀산이나 리놀렌산이 많이 함유된 콩, 팥, 강낭콩 등의 콩류를 많이 먹어야 한다. 다만 콩이 아무리 머리에 좋다고 해도 유아에게 직접 먹여서는 아무 소용이 없다는 점을 염두에 두어야 할 것이다. 한 살 정도까지의 유아는 콩을 소화시킬 힘이 없기 때문이다. 엄마가 부지런히 먹어 모유의 형태로 주는 것이 가장 좋다.

우유는 긴 사슬 다가불포화 지방산을 많이 함유하고 또 칼슘 이온도 흡수하기 쉬운 형태로 함유된 우수한 식품이다. 그러나 우유가 바탕이라고 하여 인공 가공유에도 같은 영양이 함유되어 있을 것이라고 단적으로 생각하면 뇌에 주는 영양 효과를 오산하는 것이므로 주의해야 한다.

인공 가공 유제품은 불포화 지방산을 안정화시키기 위해 일단 환원시키고 있다. 그 결과, 천연 상태에서는 '시스(Cis)형'이라고 불리는 구조를 보이고 있던 불포화 지방산도 환원하는 과정에서 '트랜스(Trans)형'이라는 다른 구조로 변하며, 트랜스형에서는 지금까지 설명해 온 것과 같은 긴 사슬 다가불포화 지방산의 역할은 기대할 수 없다. 즉, 불포화 지방산이라고 하나 사실상 포화 지방산적인 기능으로 바뀌게 된다.

젖을 뗄 시기가 가까워져서 이유식을 먹을 수 있게 되면 앞에서 말한 이유로 긴 사슬 다가불포화 지방산이 많이 함유된 식품을 주는 편이 낫다. 그런 식품으로는 정어리, 새우, 명태, 고등어 등의 생선류가 중심이 된다. 이들 식품에는 아라키돈산과 도코사헥사에논산이 다량으로 함유되어 있다. 이유식뿐만 아니라, 한참 발육기에 있는 어린아이들에게는 생선을 많이 먹이도록 유의하는 것이 '머리가 좋은 아이로 키우는' 식품 선택의 비결이라 할 수 있다.

물론 육류도 필요하다. 육류는 중요한 단백질원이 될 뿐더러 아이들에게 필수적인 지방의 공급원이기도 하다. 다만, 아이들에게 육류를 줄 때 소화에 좋지 않다거나, 비만증의 원흉이 된다거나 하여 자기 나름의 이유를 달아 지방 부분을 제거하고 조리하는 어머니가 있으나 이것은 좋지 않은 일이다. 지나치게 지방을 제거해 버리면 중요한 필수 지방산까지도 제거해 버리기 쉽고, 지방만을 제한한다는 것이 그대로 단백질의 제한으로 이어질 위험성이 있다. 부디 주의하기 바란다.

3. 한창 자랄 때는 단백질을

머리를 나쁘게 하는 '편식'

필자는 앞에서 '여섯 살까지의 영양이 머리의 좋고 나쁨을 결정한다'는 주장을 제창했다. 그리고 그 근거는 사람의 경우 뇌의 모든 부위의 세포 수가 성인 수준에 도달하는 것은 생후 6년이 지난 다음의 일이라는 사실에 있었다. 따라서 그동안은 뇌의 발육에 필요한 영양을 자꾸 공급해 줄 필요가 있다. 웬만큼 큰 병이 아닌 한 어린아이에 대한 식사 제한이나 다이어트는 백해무익하다.

뇌의 세포를 구축하는 주요 재료는 단백질이다. 실제로 출생 후부터 6살까지 사이에 단백질이 결핍되면 지능에 중대한 나쁜 영향이 나타난다. 그 이유는 아마도 그 시기에 급증하는 글리아 세포군과 뇌 내 모세혈관의 내피 세포군의 증식이 저해되어 소뇌의 미세 신경 세포의 발달까지 저해되기 때문이라고 추정된다. 그리고 일단 뇌의 발육이 저해되어 버리면 7살 이후에 설사 영양 상태가 개선되었다고 하더라도 뇌기능은 회복되지 않는다.

성장기에 단백질만 결핍된 음식물을 계속적으로 섭취하면 아프리카의 황금해안지역에 많은 '콰시오르코르(Kwashiorkor)'라는 병에 걸리고, 단백질과 칼로리원이 모두 부족하면 '마라스무스'라는 소모증(消耗症)에 걸린다. 이런 병에 걸린 10살짜리 아이들의 지능 지수는 건강한 같은 또래의 아이들보다 훨씬 떨어진다는 보고가 있다.

쥐를 사용한 실험에서도 마찬가지 결과가 나와 있어 사람에게서 관찰된 현상을 임상적으로 뒷받침하고 있다. 즉, 출생 후부터 21일째 이유기까지 단백질이 결핍된 먹이를 계속 주면 쥐의 뇌중량에는 아주 근소한 증가가 있을 뿐이며 성장 후의 학습도도 두드러지게 떨어진다. 또, 이유기 이후에는 아무리 단백질을 많이 섭취시켜도 저하된 학습도는 개선되지 않으며 일단 일어난 뇌기능의 열화는 회복이 불가능한 상태인 것으로 증명되고 있다.

이처럼 '머리가 좋은 아이로 키우는' 데는 항상 단백질이 결핍되지 않도록 해야 하는 것이 중요한 포인트의 하나이다. 그렇다면 어떤 단백질을 먹여야 아이들의 머리가 좋아질까? 더 자세히 말한다면 어떤 아미노산이 어느 정도의 배분 비율로 함유된 단백질을 언제, 어떤 형태로 얼마만큼 먹이면 뇌의 발육과 활성화에 가장 효과적일까? 이 질문은 정보영양학으로서는 큰 문제이며 언젠가는 해결되어야 할 과제이지만 유감스럽게도 현재로서는 확실한 것은 아무것도 알지 못하고 있다. 앞으로의 연구를 기다려야 할 것이다.

그러나 한 가지만은 분명히 말할 수 있다. 단백질이 머리에 좋다고 하여 편식을 하게 되면 아미노산의 불균형으로 말미암아 지능 발달에 중대한 악영향을 미치게 된다는 점이다. 이는 특정 아미노산의 대사 능력이 선천적으로 결손되어 일어나는 유전병—예컨대 티로신을 합성할 수 없는 '페닐케톤(Phenylketone) 뇨증'이나, 류신 등의 분해 산물의 탈탄산 능력이 결손 되어 일어나는 '메이플 시럽 뇨증(Maple Syrup Urine Disease)' 등의 병이 전형적—에서는 지능 발육 부전이 수반되는 사실로부터도 확인되어 있다. 편식의 폐해는 헤아릴 수 없이 많으나 특히 발육기의 뇌에 있어서는 치명적이라는 점을 잊지 말아야 한다.

머리를 좋게 하는 '간식'을 주는 방법

어린아이가 세상에서 가장 좋아하는 것 세 가지가 무엇인지 알고 있는가? 확실한 통계가 있는 것은 아니지만 필자가 들은 바로는 첫 번째가 '엄마'이고, 두 번째가 '간식', 세 번째가 '장난감'이라고 한다.

아이들이 좋아하는 간식, 바꿔 말하면 단것을 좋아하는 것은 젊은 엄마들에게는 큰 골칫거리인 듯하다. 단것을 지나치게 먹으면 충치가 생길 뿐더러 '뼈가 녹는다', '비타민 C가 파괴된다'고 믿고 있는 어머니도 있다.

그러나 포도당의 혈중 농도가 증대했기 때문에 '뼈가 녹았다', '비타민 C가 파괴되었다'는 얘기는 들어 본 적이 없다. 충치 문제는 접어두고라도 여기서 문제로 삼고 싶은 것은 오히려 그런 얘기를 믿고 '단것을 지나치게 제한하는' 일이다. 즉, 극단적으로 제한하게 되면 뇌의 정상적인 발육이 저해되는 결과를 가져오기 때문에 주의해야 한다.

1장에서 성인의 경우 뇌중량은 몸무게의 2%에 지나지 않는데도 에너지 소비량은 몸 전체의 18%나 된다는 사실을 설명했다. 그러나 아이들의 뇌 에너지 소비량은 이와는 비교도 안될 만큼 껑충 높아진다.

즉, 생후 수개월까지의 한창 발육기의 뇌는 중량비로 쳐서 체중의 16%를 차지한다. 그리고 에너지는 놀랍게도 신체 전체의 50%가 뇌의 활동에 소비된다. 나이가 들수록 이 비율은 성인과 비슷한 값으로 되는데 6살까지의 중요한 발육기에 어린이의 뇌가 성인 이상으로 포도당 공급을 필요로 한다는 점에서 변화가 없다.

물론 포도당은 세 끼의 식사(주로 녹말류)로부터 섭취하는 것이 가장 바람직하다. 그러나 식간에 단것을 에너지 보급용 간식으로 사용하는 것도 아이의 뇌 발육과 활성화를 위해서는 효과적인 방법이다.

다만, '간식'이 식사 대신으로 되어 버리면 매우 좋지 않다. 실험으로도 어린아이들에게 간식이 좋지 않다는 결과가 입증되어 있다. 헝가리의 파브리 등은 15~16세의 사춘기 남녀를 대상으로 하루의 섭취량은 같지만 3회, 5회, 7회로 식사 횟수를 나눴을 때 피험자의 몸에 어떤 변화가 나타나는가를 조사한 결과, 하루 3회보다 5회, 5회보다 7회로 나누어 섭취하는 편이 피하지방량의 축적을 감소시킨다는 사실을 알아냈다.

이 결과는 3장에서 말한 등시각성이라는 사고방식을 취하면 합리적으로 해석할 수 있다. 즉, 통상의 식사 시간대에서 하루 세 끼의 식사를 취하면 인슐린이 충분히 분비되어 섭취한 영양이 효율적으로 동화되기 때문에 피하지방의 축적도 상대적으로 촉진되기 쉽다.

그러나 하루 5회, 7회로 나누어 식사를 하게 되면 아무래도 평소의 식사 시간대와는 어긋나는 시간에 먹게 된다. 즉 간식이 된다. 이렇게 되면 인슐린의 분비가 적을 때 음식을 먹게 되고, 그만큼 동화 작용의 효율이 떨어지므로 피하지방으로 전환하는 양도 자연히 줄어들게 된다.

뇌와 신체가 일단 완성되고 또 비만에 고민하는 사춘기의 청소년이라면 간식을 늘여서 피하지방 축적의 감소를 기대해 보는 것도 좋을지 모른다. 그러나 뇌가 아직 완전하게 형성되지 못한 발육기의 어린아이들의 경우는 이야기가 다르다. 음식이 동화되기 어려우면 골격근의 발달이 저해될 뿐더러 뇌에도 나름대로 악영향을 미친다.

단것을 지나치게 제한하는 방법에는 위에서 설명한 이유 때문에 권장할 일이 못되나, 이처럼 간식이 주식이 되어 버리면 '머리가 좋은 아이'로 자라지 못한다. 기껏해야 캔디나 초콜릿 한 두 개 정도로 그치는 것이 좋다.

그리고 가능하다면 우유 한 컵 정도를 주는 것이 좋다. 이렇게 하면 과자가 입속으로부터 씻겨 나와 충치를 예방할 수도 있고, 우유에 함유된 양질의 단백질과 지방, 젖산 칼슘 등의 효과로 학습 성과도 훨씬 향상된다.

5장

성적을 올리는 수험생의 식사 [집중력과 기억력을 증가시키는 방법]

1. '아침밥 거르기'의 큰 죄

'나는 이렇게 대학에 합격했다'

예전에, 필자의 연구실로 고교생 또래의 학생이 찾아왔다. 낯선 사람의 갑작스런 방문이라 놀랐지만 그 학생이 "교수님 덕분에 이 대학에 들어왔습니다"라고 인사를 했을 때는 더욱 놀랐다. 물론 필자는 그를 도와준 기억이 전혀 없다. 그래서 얘기를 들어 본즉 다음과 같은 사연이었다.

그보다 약 반년쯤 전에 필자는 과학 잡지에 「입시와 생물시계」라는 짤막한 수필을 쓴 적이 있다. 그때 뇌 영양학에 대해서도 언급한 글이 그의 아버지의 눈에 띄어 당시 고등학생이던 소년에게 필자의 아이디어를 실행하게 하였다고 한다. 그 글에서 필자의 아이디어란 일어난 후에 가벼운 조깅과 아침 식사를 든든하게 먹는 것이 입시 '돌파의 비결'이라는 내용이었다. 이 아이디어를 이떻게 실행하여 목적하는 대학에 들어가게 되었는지, 그의 얘기를 들어보자.

"교수님의 지시대로 매일 아침 조깅을 하고 아침을 든든하게 먹었는데 효과를 조사하기 위해 지시대로 체온 변화를 기록해 보았습니다(그림 5-1).

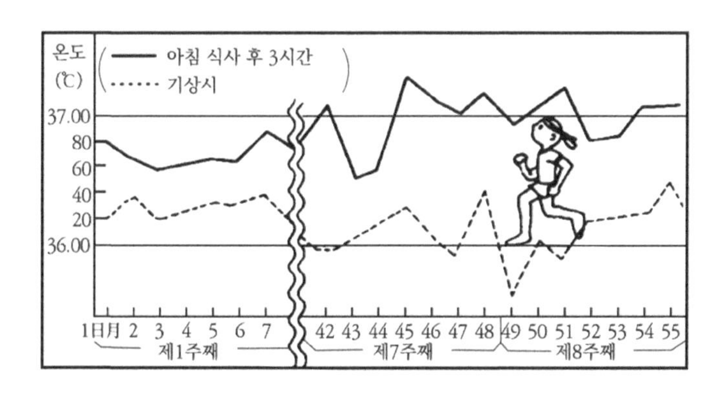

그림 5-1 | 어느 수험생의 아침 식사 후 세 시간째의 체온 상승 기록(실선)

일어나서 곧 조깅을 한 후, 아침 식사 후와 오후 2시경, 매일 네 번의 체온을 재봤습니다. 이 습관을 1개월 반쯤 계속하는 동안에 차츰 몸에 열기가 치솟는 걸 느꼈습니다. 아침의 최고 체온이 그때부터 37℃를 넘게 되었습니다. 그러나 감기에 걸렸을 때에 달아오르는 불쾌한 느낌의 열과는 달리 도리어 '해내고 싶다!'하는 열기가 치솟아 오르는 느낌이었습니다."

이런 실례가 있기 때문에 필자는 이 책에서도 수험생 여러분에게 기상 후의 조깅과 아침 식사를 든든히 먹는 습관을 '입시 돌파의 비결', 또는 '성적을 올리는 비결'로 권하고 싶다.

이 방법이 어째서 뇌를 활성화시키게 되는지 설명한다. 물론 수험생이나 어른이나 뇌의 메커니즘은 같이 때문에 이 방법은 비즈니스맨에게도 똑같이 적용할 수 있다.

아침 식사를 거르면 성적이 떨어진다

우선 아침 식사의 중요성을 살펴보자. 아침 식사를 하지 않으면 뇌기능에 나쁜 영향을 끼치게 되지 않을까 하고 생각하게 된 동기는 지치(自治) 의과대학의 가가와 교수로부터 다음과 같은 질문을 받고부터 시작되었다. 즉, "우리 대학의 졸업생 중에서 의사 국가시험의 불합격자들은 모두가 아침 식사를 거르는 사람들인데 그 이유를 어떻게 생각하면 좋겠습니까?"라는 것이었다.

이 의과대학은 기숙사제였다. 그래서 학생들을 대상으로 조사한 결과, 아침 식사를 거르는 학생과 성적 부진의 상관관계는 국가시험뿐만 아니라 재교시의 학업 성적에서도 강하게 나타났다고 한다. 즉, 아침 식사를 거르는 학생의 전 학과 평균점과 성적 순위는 아침을 거르지 않는 학생에 비해 훨씬 떨어졌다고 한다.

이를 계기로 이 의과대학에서는 학생의 건강관리를 더욱 강화한 결과 지금은 의사 국가시험 합격률이 월등히 높아졌다고 한다.

또 훨씬 저학년인 아동을 대상으로 아침 식사와 학습과의 관계를 미국 아이오와 대학의 연구 그룹이 조사한 결과를 간단히 소개한다.

이 조사의 대상은 9~11살까지의 초등학생 50명인데 아침 식사를 하는 그룹과 거르는 그룹으로 나누어 조사한 결과, 거르지 않는 쪽이 수업에도 열심이고 성적도 좋았다고 한다. 특히 오전 중의 시험에서는 아침 식사를 거르는 학생 쪽이 평균 점수가 훨씬 낮았다고 한다.

또, 아침 식사를 비스킷만 먹는 학생보다 비스킷과 우유를 함께 먹는

아침 식사를 거르면 시험에 떨어지기 쉽다!

학생이 학습 효과가 좋았다. 이것은 우유에 함유된 젖산 칼슘의 학습 촉진 효과에 의한 결과로 볼 수 있다. 또 400cal 이상의 아침을 먹게 하면 저칼로리의 아침 식사보다 작업 효율이 높아지고, 오전 중에 과일 주스를 마시게 하면 수업중의 피로감이나 초조감이 줄어들었다는 결과가 보고되어 있다.

이런 결과만 보더라도 아침 식사를 규칙적으로 든든하게 취하는 것이 머리에 얼마나 중요한지 뚜렷하게 나타나는데, 이유는 뇌의 에너지 대사와 생물시계에 의한 일주 리듬의 두 가지 측면으로 생각할 수 있다. 물론 양자 사이에는 밀접한 관계가 있다. 여기에서는 순서에 따라 이야기를 진행하기로 한다.

아침 식사가 머리에 좋은 두 가지 이유

뇌는 우리가 자고 있는 사이에도 왕성하게 활동하고 있으며 깨어 있을 때와 거의 같을 정도의 에너지를 소비하고 있다. 또, 수면에는 서파수면(徐波睡眠)과 렘수면(REM 睡眠)이라 불리는 메커니즘이 전혀 다른 두 가지의 수면이 있다.

보통의 잠은 뇌파를 기록하면 완만한 뇌파를 내므로 서파수면이라고 한다. 그런데 사람은 약 90분 주기로 뇌파가 깨어 있을 때와 같은 파형으로 바뀐다. 서파수면일 때는 근육도 이완하여 안구가 급속한 수평 운동을 한다. 그 때문에 이 수면은 급성 안구 운동(Rapid Eye Movement)이라는 영어의 머리글자를 따서 렘(REM)수면이라 불린다. 꿈을 꾸는 것은 주로 이 렘수면일 때다.

렘수면일 때는 깨어 있을 때와 같은 뇌파가 나오고 있는 것으로도 알 수 있듯이 뇌는 활발하게 활동하여 대량의 에너지를 소비한다. 오히려 깨어 있을 때보다 평균 소비량이 많다. 따라서 서파수면 시에서의 소비량의 감소와 상쇄하면, 결국 수면 중의 뇌 에너지의 소비량 평균은 깨어 있을 때와 거의 같다.

그러나 수면 중에 식사를 하는 사람은 없으므로 뇌의 활동에 필요한

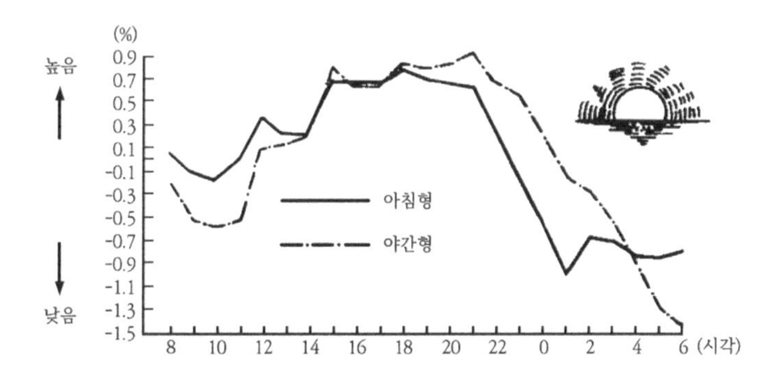

그림 5-2 | 아침형 인간과 야간형 인간의 체온 상승률의 차이

에너지 공급원은 간장에 저장된 글리코겐에 의존하지 않으면 안 된다. 즉, 저축해 놓았던 것을 소비하면서 아침을 기다리게 되는 셈이다. 그러므로 아침에 눈을 떴을 때에는 간장에 저장되어 있던 글리코겐이 바닥나는 상태가 된다. 아침 식사를 취함으로써 에너지를 보급해 주지 않으면 안 되는 이유가 여기에 있다.

또 하나의 이유는 이른바 아침형과 야간형 인간의 차이이다. 3장에서 사람은 약 24시간의 주기를 지니는 생물시계를 따라서 살아가고 있다고 설명했는데 체온에도 이 시계가 영향을 미치고 있기 때문에 사람의 체온은 하루 중 약간씩 변동하고 있다. 평균적인 패턴에서는 오후 2시경에 최곳값에 이르렀다가 반대로 새벽 2시경에 가장 낮은 값이 된다. 양자의 차이는 평균 약 0.6℃이나 때로는 1℃에 이르는 일도 있다.

소심한 사람 중에는 하루 종일 체온을 재 체온계의 수은주가 37℃의

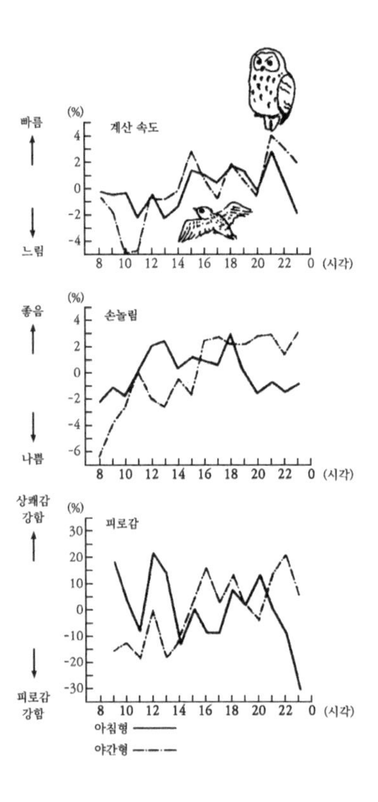

그림 5-3 | 종달새형과 올빼미형의 지적 작업 능률 차이(스테판, 1985)

빨간 선을 넘어서면 금방 자리를 펴고 누워 버리는 사람도 있으나 건강한 사람도 우선 2시나 3시경에 체온을 재면 37℃를 넘는 일이 드물지 않다.

체온의 변동은 뇌온의 변동을 반영하고 있으므로 뇌의 활동과도 관계가 있다. 실제로 체온의 높낮이가 지적작업(知的作業)의 성과와 잘 일치하고 있다는 것이 실험으로 검증되어 있다. 그러므로 아침형 인간과 야간형 인간의 뇌의 활동 패턴을 이 실험 결과를 바탕으로 살펴보자.

우선, 양자의 차이인데 이것은 하루의 체온 변화를 관찰하면 바로 알 수 있다(그림 5-2). 아침형 인간은 기상 시의 체온도 비교적 높고, 오전 중 이른 시간에 체온도 급속히 증가한다. 반면 밤이 되면 체온 유지가 어려워지고, 오후 10시를 지나면 체온이 급격히 저하된다.

한편, 야간형 인간의 특징은 기상 시의 체온이 낮고 오전 중에는 더욱 체온이 떨어진다. 한낮 가까이 되어서야 겨우 엔진이 걸리며 한번 올라간 체온은 밤늦게까지 유지된다.

이런 두 가지 형태의 체온 변화가 지적 작업 능률에 어떻게 반영되는지를 〈그림 5-3〉에 나타냈다. 보다시피 야간형 인간의 오전은 매우 비참하다. 체온 저하가 두드러지는 오전 10시부터 11시에 걸쳐서는 계산 속도도 최저로 떨어진다. 그러나 손놀림은 급속히 회복되어 가지만 아침형 인간과 비교하면 저녁때까지는 상대가 못된다. 야간형 인간은 오전 중에, 아침형 인간은 오후에 피로감을 호소하고 있다. 양자의 관계가 오후 2시경에 역전하고 있는 것도 흥미로운 사실이다.

어쨌든 수험이나 학습이라는 관점에서부터 생각하면 시험이든 수업이든 이루어지는 것은 특별한 경우를 제외하면 대부분이 오전 중에서부터 오후 3시경까지이므로 야간형 인간보다 아침형 인간이 압도적으로 유리하다. 따라서 특히 입시 돌파를 겨냥하는 수험생은 야간형 인간으로부터 아침형 인간이 되도록 빨리 뇌의 일주 리듬 패턴을 전환하는 것이 바람직하다.

그러기 위해서는 생활 패턴을 바꿔야 하는 것도 물론 필요하나 그것만으로는 신체와 뇌의 리듬이 쉽게 바뀌지 않는다. 최대의 고비는 잠에서 깨어나서부터 오전 중에 걸쳐지는 전환이 쉽지 않다는 점이다. 만약 체온 상승을 촉진하는 방법이 있다면 야간형으로부터 아침형으로 옮겨가는 일도 비교적 원활하게 진행될 것이다.

베스트 메뉴는 예로부터의 아침밥

체온을 높이기 위한 가장 확실하고 간단한 방법은 먹는 일이다. 음식을 섭취하면 한 시간 후를 피크로 하여 5~6시간 사이에 체온 상승이 지속된다. 이 현상은 음식의 '특이 동적 작용(特異動的作用)'이라 하는데, 특히 단백질에서 이 작용이 가장 강하게 나타나며, 섭취 칼로리의 20%가 체온을 높이기 위해 사용된다. 당과 지방은 5% 정도이다.

그래서 영양이 균형 잡힌 아침 식사를 든든하게 먹으면 거기에서 섭취한 단백질이 특이 동적 작용에 의해 체온을 높인다. 또 당의 섭취에 의해 흡수된 포도당이 뇌 에너지를 풍부하게 공급해 준다. 체온이 올라가면 뇌의 온도도 올라가기 때문에 에너지 대사가 더욱 촉진되는 상승효과도 무시할 수 없다.

특이 동적 작용에 의한 체온 상승의 피크는 식후 약 1시간 후이므로 야간형 인간에게는 체온이 가장 떨어지는 오전 중에 신체 내부로부터의 열이 공급되게 된다.

'베스트 메뉴'는 예로부터의 아침밥

아침 식사의 메뉴는 균형 잡힌 영양이라면 무엇이든 상관이 없으나 필자가 권하고 싶은 메뉴는 예로부터의 아침밥이다. 즉, 밥에 된장국, 낫토와 달걀이다. 거기에 데쳐 양념한 나물에 샐러드를 곁들이면 더욱 좋다. 이유는 이미 1장에서 설명하였다.

그러나 도무지 아침 식사를 할 수 없다는 사람도 있을 것이다. 저혈압인 사람이 그 전형이다. 또 아이들 가운데는 아침 식사를 하면 반드시 설사를 하는 아이도 있다. 이 현상은 '과민성대장증후군'이라고 불리며, 부교감 신경의 지나친 긴장에 원인이 많다.

이런 사람은 일어나서 바로 아침을 먹으려 하지 말고 가벼운 운동을 한 다음에 먹는 것이 좋다. 간단한 체조나 줄넘기, 조깅 등 무엇이라도 좋다. 몸을 좀 움직이면 교감 신경계의 긴장이 높아지기 때문에 부교감 신경계의 지나친 긴장이 억제된다. 체온도 올라가며 무엇보다 배가 고파지므로 아침 식사를 맛있게 먹을 수 있다.

이것으로 서두에서 소개한 소년이 실시한 '입시 돌파의 비결'에 대한 과학적 근거가 이해되었을 줄 안다.

다만, 야간형을 아침형으로 전환하는 일은 하루아침에 되지 않는다. 평소에 아침 식사를 거르고 있던 수험생이 입시 당일 날 아침에 갑자기 식사를 한들 그날로 당장 효과가 나타날 리는 없다. 물론 먹지 않는 것보다는 먹는 편이 낫겠지만, 그것은 시험 전날 밤의 '벼락치기 공부'와 같은 것이다. 야간형 인간으로부터 아침형 인간으로 완전히 전환하기 위해서는 아침 식사를 일정 기간 동안 계속하여 습관화해야 한다. 예의 학생도 그만한 노력을 했기 때문에 체온을 올릴 수 있었던 것이다. 역시 '입시 돌파의 비결'의 핵심은 '노력'인 것 같다. 학문에 왕도가 없듯이 수험에도 지름길은 없다.

다음에는 수험생에게 무엇보다도 필요한 집중력과 주의력, 그리고 기억력을 증강하기 위한 식사법에 대해 차례로 살펴보기로 하자.

2. 집중력과 주의력

세계에서 가장 치열한 수험 전쟁

문화인류학의 현지 조사 결과 등을 읽노라면 세계 각지에 여러 형태의 성인식이 남아 있는 데에 놀란다. 그것은 성장형 아이들이 성인 사회의 일원으로서 인정받기 위한 의식인데 내용은 민족에 따라서 그야말로 천차만별이다. 그중에는 상당히 위험한 의식도 있다.

문명화된 선진국이라고 해도 본질적으로는—또는 문화인류학 식으로 '구조적으로는'이라고 표현해야 할지 모르나—문명화가 진행중인 민족의 사회와 별로 다를 바가 없다. 우리나라에서는 선거권이 주어지는 만 20세의 나이가 이 성인식에 해당된다고 보아도 될 것이다.

그러나 그것은 어디까지나 '표면상'의 의식이다. 현실적으로는 많은 청소년이 시험을 치루는 대학 입시야말로 진정한 의미로서의 성인식이 아닐까? 그 '가혹함'은 청소년들이 받아야 하는 온갖 시련과 거의 같다.

예를 들어, 수학의 입시 문제를 살펴보면 출제 범위는 고작 전세기 중엽 정도까지의 수학 내용으로 제한되어 있기는 하다. 그러나 그중에는 꽤나 틀리기 쉽게 만들어 놓은 문제도 있고, 더욱이 수험생은 겨우 한두 시간이라는 짧은 시간에 수십 개의 문제를 풀어야 한다. 조금이라도 주의력이 산만해지거나 긴장을 지속하지 못하면 떨어지기 십상이다. 결국 집중력과 주의력의 승부인 셈이다.

아무리 교육에 열성적인 부모라 하더라도 대학의 수험 내용까지 자녀에게 가르칠 수 있을 만한 부모는 없다. 그 결과 자녀의 성적이 조금이라도 떨어지면 난리를 치른다. 비싼 돈을 주고 가정교사를 두거나 학원에 보내거나 하고, 자녀와 얼굴이 마주칠 때마다 '공부하라'고 야단하기 일쑤다. 수험을 위해 집중력과 주의력을 높이려고 안간힘을 쓰는 수험생도 이래서야 진저리가 나게 마련이다. 최소한 식사만이라도 신경을 써서, 수험생의 뇌를 활성화하는 데에 노력을 기울여 주었으면 한다.

그래서 결론부터 말한다면 집중력을 지속시키고, 주의력을 향상시키려면 가장 효과적인 방법은 뇌로 포도당 공급량을 증가시켜 주는 것이다.

포도당이 교통사고를 줄인다

예로부터 영양학자들 사이에는 포도당의 섭취량과 집중력, 주의력 사이에는 어떤 관계가 있는 것 같다 하여 포도당을 주목해 왔다.

이를테면 하페만(G. Hafemann)은 과거, 학생들에게 아침부터 정오까지 45분 간격으로 포도당 10g씩 공급한 뒤 산수시험을 쳐서 그 결과를 보고하고 있다. 그에 따르면 포도당 공급에 따라 시험의 정답률이 늘고 집중력도 향상되었다고 한다.

그러나 이 연구에는 두 가지의 큰 난점이 있다. 하나는 아침 식사의 내용을 규정하고 있지 않다는 점, 또 하나는 기본적인 일로서 집중력의 판정 기준을 분명히 정하고 있지 않다는 점이다. 따라서 하페만의 실험은 비과학적이어서 그 결과를 그대로 믿을 수가 없다.

현재, 집중력의 정도를 판정하는 기준으로서는 뇌파의 변화를 추적하는 것이 가장 적절한 방법일 것이다. 실제로 이 관점에 입각한 연구가 추진되고 있다. 그리고 그중의 몇 가지는 포도당의 섭취가 뇌파에 두드러진 영향을 끼칠 수 있다는 사실을 나타내고 있다. 즉, 포도당을 섭취함으로써 뇌파에 뇌의 각성도(覺醒度)의 높이를 나타내는 알파(α)파가 증가하고, 반대로, 졸릴 때에 나오는 세타(θ)파가 감소했다고 한다.

이런 실험을 더욱 엄밀한 조건 아래서 수행하면 언젠가는 포도당을 투여했을 경우에 나타나는 뇌기능에 미치는 영향이 올바로 해석될 날이 올지 모른다. 그때는 아마도 집중력의 뇌 생리학적 메커니즘도 자세히 분석될 것이다.

다음에는 포도당과 집중력과의 관계를 살펴보자. 그러기 위해서는 코일(J. Keul) 등이 한 유명한 모의실험 결과를 살펴보는 것이 이해가 빠를 것이다.

코일 등은 운전기사에게 포도당을 투여했을 때 자동차 사고를 어느 정도 효과적으로 방지할 수 있는가에 대해 조사해 보았다. 결과는 〈그림 5-4〉를 보면 뚜렷하다. 즉, 포도당을 투여하지 않은 보통 상태에서는 속도를 내면 낼수록 운전 실수가 증대한다. 특히 시속 70㎞를 넘으면 운전

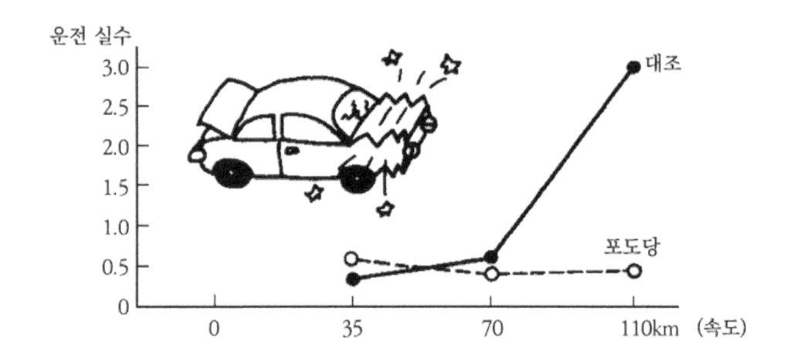

그림 5-4 | 포도당 투여와 운전 실수의 관계. 점선이 포도당 투여자[코일(J.Keul) 등, 1982]

실수의 발생률은 시속 35㎞인 때에 비해 6배나 증가한다. 즉, 자동차는 '달리는 흉기'가 되어 버린다.

그러나 운전기사에게 미리 포도당을 투여해 두면 사태는 전혀 다른 결과를 나타낸다. 즉, 속도가 올라가도 운전 실수의 발생률이 증가하지 않는다. 시속 110㎞가 되더라도 운전 실수의 발생률은 시속 35㎞의 경우보다도 오히려 낮을 정도다. 이 현상은 포도당의 투여로 운전할 때 운전기사의 주의력이 증강되었기 때문이라고 생각할 수밖에 없다.

물론 이 실험은 어디까지나 모의실험에 지나지 않는다. 그러나 이 결과가 발표된 1982년 이후에도 같은 보고가 여러 편 발표되었다. 그래서 그런지 장거리 수송 트럭의 운전기사가 길가에 트럭을 세워 놓고 자동판매기의 커피나 주스를 마시고 있는 광경을 흔히 볼 수 있다. 그들은 어쩌면 단 캔커피가 운전 시의 주의력을 높여 주는 힘을 지닌다는 사실을 경험적으로 알고 있는지도 모른다.

마라톤 선수는 왜 드링크제를 마시는가?

이와 관련하여 생각나는 것이 마라톤 선수가 달려가면서 마시는 스포츠 드링크제의 역할이다.

언젠가 마라톤의 TV 중계를 시청하고 있을 때 선수가 달려가면서 드링크제를 마시는 것을 보고, 아나운서가 '저 속에 들어 있는 포도당이 근육의 좋은 영양제가 됩니다.'하고 해설하였다.

이것은 확실히 이상한 말이다. 즉 100m 경주처럼 처음부터 끝까지 전력으로 달려야 하는 경기라면 얘기가 달라지지만 마라톤처럼 긴 거리를 달리는 경우의 생리학적 특징은 골격근의 에너지를 주로 지방의 분해로부터 얻고 있기 때문이다. 포도당도 사용되기는 하겠지만 지방에 비하면 그 양은 매우 미미하다.

알다시피, 마라톤은 꽤나 지적인 스포츠다. 설사 같은 역량의 선수라도 얼마만큼 여력을 남겨 두고 달리느냐, 어디서부터 전력으로 달리느냐 하는 미묘한 판단 하나로 승자가 되기도 하고 패자가 되기도 한다. 라이벌과 달릴 때 그런 미묘한 판단에 져서 냉정을 잃고 마구 스피드를 냈기 때문에 참패한 비극의 주인공은 수없이 많다.

따라서 이러한 마라톤 경기의 특질을 생각한다면 선수들이 경기 중에 마시는 드링크제는 다음과 같은 역할을 하는 것이라고 생각된다. 즉, 그들은 근소한 양의 포도당을 섭취하여 그것을 근육의 에너지원으로 보급하는 것이 아니라, 일시적으로 혈당 농도를 높임으로써 뇌에 포도당 공급량을 증대시키려 하는 것이 아닐까?

마라톤 드링크제는 뇌가 마신다!

뇌에 포도당 공급량이 증가하면 뇌는 각성 상태를 유지할 수 있고, 집중력도 향상되고, 주의력도 예민해질 것이다. 그것으로 경기를 이끌어 나가는 전략에도 냉정하게 대응할 수 있을뿐더러, 정확한 판단을 하는 데에도 도움이 될 것이다.

커피에는 설탕을

이상의 가설이 옳다고 한다면 수험 때의 휴식 시간이나 점심시간에 단 캔커피나 드링크제를 마셔 두는 것도 좋은 방법일지 모른다. 긴장을 풀고, 마음을 편하게 하는 데에 도움이 될 뿐만 아니라 다음 차례의 시험 시간에 정신을 집중하는 데도 효과가 있을 것이다.

비즈니스맨이나 일반인에게도 같은 말을 할 수 있다. 티타임의 커피나 홍차는 적어도 뇌 영양학적으로는 블랙보다는 약간 단 편이 의의가 있다고 생각한다. 이 점에 대해서는 2장에서도 언급했기 때문에 여기서는 커피의 효용에 대해 한마디만 덧붙여 둔다.

커피의 유효 성분인 카페인은 정식으로는 1-3-7 트리메틸크산틴(1-3-7 Trimethylxanthin)이라고 불리는 화학 물질이다. 이 물질의 최대의 특징은 물에 잘 녹는데도 불구하고 친유성(親油性)이라는 점이다. 그 때문에 세포막을 통과하기 쉽고 뇌 안으로도 급속히 흡수된다. 더욱이 뇌는 모든 기관 중에서 카페인에 대한 감수성이 가장 강하며, 특히 뇌간부의 망양체(網樣體)라고 불리는 부위에 작용하여 각성 작용의 방아쇠적인 역할을 한다.

그러므로 보통의 커피 상용자라면 두 잔 정도의 커피를 마시면 뇌의 각성 상태를 유지하고, 피로감을 경감시킬 수 있다. 다만, 카페인에는 학습 능력을 촉진하거나 기억력을 증강시키는 효과는 없다.

졸음과 싸우면서 한밤중까지 공부를 계속하는 수험생 중에는 커피 애용자가 많은 듯하나 만약 블랙커피라면 면학 효과는 별로 기대할 수 없을 것이다. 확실히 졸음을 쫓을지는 모른다. 그러나 심야가 되면 체온이 내려가서 뇌의 에너지 대사가 낮아지고 핵심인 에너지원도 줄어드는 상태가 된다.

그보다는 치즈 등을 씹으면서 단 커피를 마시는 편이 더 효과적이다.

하지만 앞에서 설명한 이유 때문에 수험 공부를 야간형으로 고정시켜 버리는 것은 바람직한 태도라 할 수 없다. 졸리면 커피 등에 의존하지 말고 바로 잠자리에 드는 것이 좋다. 그리고 이른 아침의 상쾌한 시간에 일어나서 수험 공부를 계속하는 것이 좋다.

3. 기억력 향상의 묘약

첫째가 기억, 둘째는 요령?

송나라 진종황제(眞宗皇帝) 작품으로 전해지는 한시에 대충 다음과 같은 뜻의 구절이 있다.

'남자 된 몸으로 뛰어난 인물이 되고 싶다면 고생하여 창문을 향해 경서(經書)를 읽어라'

여기서 말하는 '경서'란 유교의 기본 경서인 『논어』, 『예기』 등 이른바 『사서오경(四書五經)』을 말한다. 송나라 시대라고 하면 중국에서 과거의 전성기로 사서오경을 바탕으로 출제되는 시험 문제에서 좋은 성적을 받느냐 아니냐에 따라 청운의 뜻에 불타는 청년들의 일생이 좌우되었다. 즉, 권력을 손아귀에 쥘 수 있느냐, 부자가 될 수 있느냐, 심지어는 아름다운 아내를 얻을 수 있느냐가 모두 과거라는 이름의 시험 지옥을 돌파할 수 있느냐 없느냐에 달려 있었다.

이 이름 높은 국가시험에 합격하기 위한 수험 공부가 얼마나 장하고 처절했는지는 교토대학 명예교수 미야자키 씨가 저술한 『과거(科擧)』라는 책에 상세히 기술되어 있다. 미야자키 씨에 따르면 사서오경에 수록된 한자의 총수는 43만 1,286자에 이른다. 과거에 응시하기 위해서는 이 경전의 본문을 일단 외울 수 있어야 했기 때문에 가령 하루에 200자씩 외운다 해도 꼬박 6년이 걸리는 계산이다. 놀라운 암기량이다. 이래서야 반딧불이나 창문에 비쳐드는 눈빛에 의존해서라도 수험 공부에 힘을 쏟지 않을 수 없었을 것이다. 참을 정신이 아찔해질 만한 기억력의 승부였다.

그러나 현재의 상황도 그보다 나아진 것은 없다. 형설(螢雪)시대에 수험 공부에 밤을 지새우는 젊은이의 대부분의 노력이 입시 때를 겨냥한 단기적인 기억의 유지와 증강에 충당되어 있다. "첫째는 기억력, 둘째가 요령, 셋째, 넷째는 없고, 다섯째가 사고력"이라고 하는 것이 입시 돌파에 필요한 능력이라고 가르치고 있는 학원도 있다고 한다.

확실히 단기간에 더 많은 기억을 머릿속에다 집어넣을 수 있느냐의 여부로써 학교의 성적이 거의 결정되고, 입학시험의 성패를 크게 좌우하게

그림 5-5 | 쥐의 학습, 기억 효과의 실험 장치. 전기 쇼크를 기억한 쥐는 강한 조명에 드러나도 당분간 도망가지 않는다

된다. 또, 그 때문에 수험생의 장래 인생 항로가 크게 관련된다고 한다면 기억력의 강화는 운명 자체를 바꿔놓고, 성격의 형성에도 결정적인 영향을 미치게 된다.

여기서 주목하고 싶은 것이 2장에서 소개할 레시틴 식품의 기억력 증강 효과이다. 레시틴이 많이 함유된 음식을 계속하여 섭취하고 있으면 기억력이 향상된다는 것은 다음과 같이 쥐를 사용한 실험에서도 증명되고 있다. 즉 고레시틴식과 같은 효과를 지니는 콜린을 다량으로 함유한 먹이가 쥐의 노화에 따르는 학습 능력과 기억력의 감퇴에 어떤 영향을 미치느냐를 조사한 실험이다.

콜린으로 젊어진 쥐의 뇌

먼저, 실험 장치의 개략을 그림으로 설명한다(그림 5-5). 방은 가운데쯤에 있는 차광 커튼으로 앞, 뒤의 두 부분으로 구분되어 있고, 이것은 연구자의 판단으로 적절한 때에 제거할 수 있다. 또 앞방에는 조명 장치, 뒷방에는 전기 충격을 가하는 장치가 설치되어 있으며 보통은 두 방이 다 캄캄한 상태로 되어 있다.

쥐를 앞방에 넣고 불을 켠다(①). 그런 다음에 차광 커튼의 일부를 제거하면 쥐는 야행성이라 빛을 싫어하는 습성이 있기 때문에 빛을 피해서 재빠르게 캄캄한 뒷방으로 도망친다(②). 쥐가 뒷방으로 들어가는 동시에 차광 커튼을 내리고 뒷방의 장치를 작동시켜 전기 충격을 가한다(③).

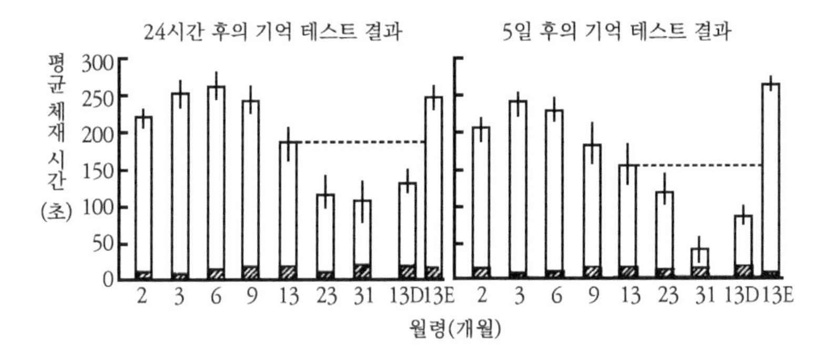

그림 5-6 | 학습, 기억 열화의 콜린에 의한 방지 효과
13D는 콜린 결핍식의 쥐, 13E는 첨가식 쥐의 평균 체재 시간을 나타낸다. 막대그래프의 사선 부분은 쇼크를 주지 않은 쥐의 평균 체재 시간이다[앞 그림과 함께 발터스(R. T. Bartus) 등, 1980]

이런 실험을 반복하면 전기 충격을 체험한 쥐는 다시 앞방으로 넣어져 강한 조명에 드러나더라도 앞의 실험에서의 불쾌한 경험이 기억으로 남아 있기 때문에 앞방에서 우왕좌왕할 뿐 좀처럼 뒷방으로 도망치지 않으려 한다. 그러므로 뒷방으로 들어가기까지의 시간을 측정하여 그 시간이 길면 길수록 학습 효과가 기억으로서 잘 보존되어 있다는 지표로 삼는다.

〈그림 5-6〉은 이 같은 체험을 한 쥐를 24시간 후와 5일 후에 다시 시험했을 때, 뒷방으로 도망치기까지의 시간을 나타내고 있다. 그 결과 그림과 같이 쥐의 기억력은 월령(月齡)에 따라 큰 차이가 나타난다.

먼저 관찰되는 점은 24시간 후의 단기 기억과 5일 후의 장기 기억 모두 생후 3~6개월의 젊은 쥐가 가장 높은 능력을 나타내고 있는 점이다.

월령이 13개월인 쥐의 경우는 기억력도 상당히 떨어진다. 23개월 이상의 늙은 쥐에서는 학습 효과가 극히 나쁘고, 특히 장기 기억의 열화가 두드러진다.

8.5월령의 쥐를 두 그룹으로 나누어 한쪽에는 콜린을 첨가한 합성식(E 그룹)을 주고, 다른 한쪽에는 콜린이 결핍된 먹이를 주었다(D 그룹). 그리고 일반적으로 쥐의 기억력이 감퇴하기 시작하는 13월령 시에 두 그룹을 시험한 결과가 그래프 13E와 13D이다.

콜린 함유식으로 키워진 E 그룹의 쥐는 13월령이 되어도 단기 기억에서는 9월령, 장기 기억에서는 3~6월령의 젊은 쥐와 각각 같은 정도의 능력이 유지되고 있다. 보통의 먹이로 길러진 같은 월령의 쥐에 비해 훨씬 기억 유지력이 높다.

그러나 이에 반해 4.5개월간, 콜린이 결핍된 먹이가 주어진 D 그룹 쥐의 학습 효과는 매우 나쁘고, 기억력도 단기 기억일 경우는 23~31월령의 늙은 쥐와 구분이 안 될 정도로 나빴다. 게다가 장기 기억에 이르러서는 늙은 쥐보다 더 나빠지고 있다는 사실이 밝혀졌다.

첫째는 노력, 둘째는 영양!

이 실험만으로도 혈중 콜린 농도가 얼마나 기억력 향상에 도움을 주고 있는가를 이해할 수 있을 것이다. 6장에서 설명하듯이 인간이 콜린을 마시면 장 속에서 분해되어 생선이 썩은 듯한 냄새의 원인이 되므로 사용할 수가 없다. 그래서 레세틴이 많이 함유된 음식을 먹여 혈중 콜린 농도를

콜린식으로 젊은 쥐에게도 지지 않는다!

높이면 기억력을 높일 수 있는가가 문제가 된다. 사람을 대상으로 한 학습 능력과 기억력에 미치는 레시틴 효과를 조사한 대표적인 실험은 독일의 다름슈탓드(Darmstadt) 공과대학의 조르가츠(H.Sorgatz)의 실험이다.

대상은 주로 40~50대의 사람들이었으며, 단기 기억력이나 미지 정보에 대한 학습 능력에 관해서는 레세틴 효과가 뚜렷이 나타났다고 한다. 그러나 장기적인 기억 유지에 대해서도 효과가 있는지에 대해서는 유감스럽게도 아직 실증되지 않았다.

어쨌든 좋은 대학에 합격하는 것이 목적인 수험생에게는 단기적인 기억력의 증강만으로도 감지덕지할 일이다. 그러므로 천지신명이나 하느님께 빌기보다는 고레시틴식에 빌어야 할 것이다.

학생 중에는 영어 사전이나 역사 연대표를 통째로 씹어 삼켰다는 사람도 있다. 그런 사람에게는 고레시틴식이야말로 권장할 식단이다. 그것이 참고서나 노트보다 '소화'에 나을 것이 틀림없다.

그러나 그렇다고 비싼 레시틴 순품을 사들여 입시 직전에 대량으로 섭취한다 하더라도 그것만으로 수험 대책이 완전한 것은 아니다. 설사 기억력이 향상되더라도 중요한 수험 공부를 게을리 한다면 기억력도 아무 소용이 없다.

입시 돌파의 비결은 역시 착실한 수험 공부에 달려 있다. 평소의 식사에 낫토 등의 고(高)레시틴식을 식단에 첨가하여 항상 뇌로 콜린을 공급한다면 학습 성과의 배증도 기대할 수 있고 노력이 보상을 받는 날도 멀지 않을 것이다.

6장

노망을 방지하는 음식으로 머리는 언제나 청년

[잘못투성이의 영양 상식]

1. 노망 방지식

늙어서도 더욱 왕성한 까닭은?

이미 세상을 떠났지만 일본을 대표하는 어느 실업가가 만년에 여러 잡지에다 발표한 말이 이상하게 마음에 남아 있다. 그는 '돈으로 젊음을 살 수 있다면 얼마든지 내 놓겠다'라고 했다. 성공한 대기업가도 젊음만은 내 뜻대로 안 되었던 모양이다.

언제까지고 젊은 상태로 있고 싶다, 신체의 노화는 어쩔 수 없어도 마음만큼은 항상 '청춘'으로 있고 싶다는 것이 동서고금이나 지위의 높낮음, 빈부차를 막론하고 누구나 지니는 공통의 바람이다. 다만, 보통 사람들은 그것을 '돈으로 사겠다'는 발상은 하지 않는다. 만약 그것이 가능하다고 하더라도 핵심인 '돈'이 없다.

그렇다면 돈을 들이지 않고 '젊음을 유지하는 효과적인 방법'은 없을까? 현재 붐을 이루고 있는 심신 건강법이 그것으로 두 종류가 있다. 그중의 하나는 도인술(導引術)과 방중술(房中術)이라는 양생술(養生術), '속독법(速讀法)' 등에 응용되고 있는 연단술(練丹術) 등이다. 이것들은 모두 선도(仙導)

'젊음이여!'

라는 심신 단련법에서 유래한 것들이다. 선도란 '불로불사(不老不死)'를 목적으로 한 고대 중국의 신선술에서 시작된 이른바 도교(道教)의 실천적 체계이다.

또 하나는 여러 가지 식사 요법이다. 그중에는 2장에서 비판한 적이 있는 '핵산식으로 젊음을 유지하는 방법' 등이 포함되어 있다. 어쨌든 한쪽은 경험적인 자율신경의 단련법이고, 또 한쪽은 사이비 과학적인 상업주의에 바탕을 둔 다이어트로 양 쪽 다 과학적 근거는 매우 희박하다.

그러므로 이 책에서는 과학적으로 근거가 있고, 추천할 수 있는 노화 방지책만을 들어 그 이유를 설명하기로 한다.

그렇다고 해서 예로 드는 식품이 특별하거나 비싼 것은 아니다. 3장에서 살펴본 바와 같이 콩(및 그 가공 식품), 죽순, 달걀, 생선, 새우, 게, 문어, 오징어 등의 어패류, 포도당을 공급하는 녹말류와 적당한 양의 단것, 이것들의 적절한 조합 등, 평소의 식사를 하루 세 끼 착실히 섭취하면 과부족이 없이 취할 수 있는 것들뿐이다. 궁극적인 '노화 방지식' 나아가서는 '젊음을 유지하는 식사법'은 어정쩡한 지식으로 극단적인 식품을 선택하거나 식사를 제한하지 않는 하루 세 끼의 식사를 하는 습관을 유지하는 데 있다.

그리고 여기서는 어디까지나 뇌기능의 활성화라고 하는 관점에서 '노화 방지식'을 생각해 보기로 한다. '건전한 정신은 건전한 육체에 깃든다'는 말이 있으므로, 순서가 거꾸로가 아니냐고 생각하는 사람도 있을지 모른다.

그러나 이 말의 출전은 '건전한 정신이여 건전한 육체에 깃들라'라는 의미의 고대 로마 시대의 속담에서 비롯된다고 한다. 육체가 건전하다고 하더라도 정신마저 건전하다고 잘라 말할 수 없다. 어쨌든 여기서는 '뇌기능의 활성화는 육체 기능의 활성화와 이어진다'고 생각하면 무난할 것이다.

정치가나 대실업가 중에는 나이로 보아 이미 '노인'에 속하는 사람이 많다. 그들은 모든 일에서 손을 떼고, 살아갈 기력을 잃기 시작하는 연배의 사람들보다 훨씬 나이가 많으면서도 왕성하게 활약하고 있는 사람들이다.

뇌의 신경 세포 수는 고령자가 되면 나이가 들수록 확실히 줄어든다. 그런데도 활동할 직장을 가진 노인들의 능력이 정신적으로나 육체적으로 낙후되지 않는 것은 어째서일까? 그 이유는 그런 사람의 뇌 속에서는 자극을 전달하는 신경 세포의 돌기가 증가하여 새로운 시냅스를 형성하고 있으며, 그것들이 신경 세포의 감소를 보충하고 있기 때문이다. 요컨대, 머리는 쓰면 쓸수록 몸도 머리도 젊어지는 것이다.

일본인에게도 늘고 있는 알츠하이머형 치매증

그러나 뇌의 노화에는 큰 적이 있다. 노인성 치매증이 그것이다. 이런 증세가 나타나게 되면 뇌의 활성화 따위는 문제가 되지 않는다. '머리를 풀로 회전시켜 몸까지 젊게 만들자'는 희망도 꿈에 지나지 않게 된다. 그러므로 나를 언제까지나 젊게 유지하는 요점은 어떻게 하면 멍청해지지 않느냐, 또 만약 치매 증상이 나타나기 시작한 경우 어떻게 하면 그 진행을 멈추게 할 수 있는가에 있다.

현재 일본의 치매증 노인 발현률은 4.8%로 인구로 치면 약 60만 명이나 되는 노인들이 치매증에 시달리고 있다고 하며, 20년 뒤에는 200만 명을 돌파할 것으로 추산하고 있다.

일반적으로 노인성 치매증은 그 원인으로 뇌혈관 장애가 일으키는 뇌혈관 장해성 치매증과 원인을 아직 잘 모르는 알츠하이머형 노인성 치매증, 그 밖의 것, 이렇게 크게 세 가지로 나눌 수 있다. 그중에서 알츠하이

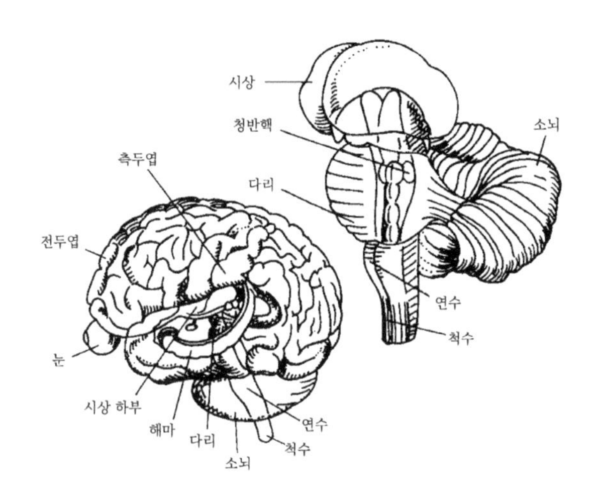

그림 6-1 | 알츠하이머형 치매증에 관계하는 것은 측두엽, 전두엽, 해마, 다리 등

머형 노인성 치매증은 서양 사람들에게 많이 발생한다. 특히 미국에서는 65세 이상 노인의 7%인 약 150만 명 이상이 이 '불치병'에 걸려 있다. 일본에서는 아직 뇌혈관 장해성 치매증이 더 많으나 알츠하이머형도 최근에 계속 증가하고 있어 이 형의 치매증을 어떻게 하면 예방할 수 있는가가 고령화 사회를 맞는 심각한 과제로 되어가고 있다.

알츠하이머형 노인성 치매증은 대뇌의 어느 특정 부분의 콜린 작동선 신경 세포, 즉 아세틸콜린을 마지막 단계에서 방출하는 신경 세포가 탈락하는 병이다. 그 특정 부분이란 사람에게는 언어 능력을 관장하는 '측두엽', 운동을 조절하고 동시에 다른 피질 영역의 기능을 연합하고 있는 '전두엽', 해마 같은 형상을 하여 기억 기능과 깊은 관계가 있는 대뇌 변연계의 '해마', 연수(延髓) 바로 위에서 말초 신경계와의 정보 전달의 주요 경로로 되어 있는 '다리'의 '청반핵(青斑核)' 등이다(그림 6-1).

아세틸콜린은 운동 신경에서는 근육과 결합하고 있는 부분의 말초로부터 방출되고 골격근의 수축을 일으킨다. 또 자율 신경의 부교감 신경계에 속하는 신경 세포의 말초로부터도 분비되어 소화, 흡수를 촉진하거나 교감 신경계와 접합하여 스트레스에 의해 생긴 신체의 기능 변조를 수복하는 등 중요한 작용을 지니는 신경 전달 물질이다.

좀 전문적으로 말하면 이 아세틸콜린에 의존하는 대형 콜린 작동성 신경 세포가 대뇌 기저부에 있는 '마이네르트 기저핵'이라는 부분에서부터 내뇌 피질까지 뻗어 있고, 알츠하이머형 노인성 치매증 환자의 뇌에서는 이 부분의 신경 세포군의 탈락이 두드러진다. 또 대뇌 기저부란 '동물의 뇌'라고 불리는 낡은 대뇌가 (진화 과정에서) 신피질에 의해 대뇌 바닥 쪽으로 갇힌 일부로, 마이네르트 기저 핵은 독일의 신경학자 마이네르트(T. H. Meynert)의 이름에서 딴 것이다.

신경 세포의 탈락 부분은 신경 섬유 농축체 및 신경류(神經瘤)라고 불리는 두 병변부(病變部)로 채워진다. 이 중에서 전자는 파괴된 신경 세포에 나타나는 섬유질 덩어리이고, 후자는 파괴된 뇌세포의 잔해로 생각된다.

이들의 수와 치매 정도 사이에는 직접적인 상관관계가 있어서 신경 섬유 농축체나 신경류의 수가 많을수록 환자의 치매도도 심해진다. 중증인 환자에게는 해마 바로 가까이에 있는 마이네르트 기저 핵에서 그 신경 세포의 90%까지가 농축제와 혹(瘤)으로 이루어지는 병변부로 대체되는 일도 있다.

콜린이 좋은 이유

마이네르트 기저핵으로부터 대뇌 피질까지 달려간 신경 세포군을 파괴하면 실험동물의 학습 능력이 낮아지는 결과로부터, 사람에게도 기억력이나 인식 능력의 좋고 나쁨에 밀접한 관계가 있는 것으로 생각된다. 따라서 알츠하이머형 노인성 치매환자가 나타내는 여러 가지 특이한 증상도 이 신경 세포군의 탈락과 깊은 관계가 있는 것으로 생각된다.

콜린 작동성 신경 세포의 탈락은 아세틸CoA(코엔자임 에이, 활성 초산)와 콜린으로써 구성되는 아세틸콜린을 합성할 때 없어서는 안 되는 콜린아세틸트랜스퍼라아제는 효소의 양이 저하하고 있는 것을 의미한다. 한편, 이 신경 세포군에서의 아세틸콜린 수용체의 양은 알츠하이머형 노인성 치매증에 관한 한 별로 감소하지 않고 있다는 사실이 알려져 있다.

이 사실을 더불어 생각하면 아세틸CoA는 포도당과 CoA로부터 만들어지기 때문에 결국, 외부로부터 콜린을 공급하여 뇌 안의 콜린양을 증가시켜 주기만 하면 아세틸콜린이 뇌 속에서 합성되어 그 농도가 높아지고, 콜린 작동성 신경 세포의 탈락으로 일어나는 아세틸콜린의 결핍을 보충할 수 있을 것으로 생각된다.

만약 이 방법이 잘 듣는다면 알츠하이머형 노인성 치매증의 예방이나 치료에도 응용할 수 있기 때문에 치매증에 시달리거나 그 위협에 드러나 있는 수많은 고령자 층에게 밝은 노후가 약속될 수 있을 것이다.

그러나 콜린제를 입을 통해서 섭취하면 공장(空腸)에서 흡수되기는 하나 대부분 소화관 안에서 베타인(Betaine)과 트리메틸아민

(Trimethylamine) 등의 물질로 분해되고 중요한 혈중 콜린 농도는 거의 증가하지 않는다. 특히 장내 세균의 작용으로 생기는 트리메틸아민이라는 대사 물질은 생선이 썩은 것과 같은 불쾌한 냄새를 가지기 때문에 도저히 실용할 수가 없다.

이 난점을 피하기 위해서는 소화관 속에서는 분해되지 않도록 결합형으로 존재하지만 소화관 벽을 통과하고 나서 유리형으로 되어 혈중의 콜린 농도를 높여 줄 수 있는 것을 찾아내야 한다. 그래서 등장하게 된 것이 협의의 레시틴, 즉 2장에서 소개한 포스파티딜콜린이다. 포스파티딜콜린은 소화관에서 완전히 흡수되어 콜린으로 분해된다. 더욱이 장내 세균에 의해 분해되지 않기 때문에 불쾌하지 않고 혈중의 콜린양을 증가시키는 데는 가장 알맞은 음식이다.

그러나 좋은 소식도 있다!

이와 같은 아이디어가 발견된 이후 포스파티딜콜린의 투여가 정말로 노인성 치매증의 방지나 치료에 효과가 있는지 조사할 목적으로 많은 임상 실험이 이루어져 왔다. 처음에는 기대도 컸고, 그것이 실험 결과에도 반영되어서인지 긍정적인 보고가 연달아 나왔다. 포스파티딜콜린을 경구 투여한 7명의 환자 중 3명에서 증상이 호전되었다는 에티엔느(P. Etienne)의 보고가 있었고(1971), 증상이 심한 환자에게는 거의 효과가 없으나 가볍거나 중간 정도의 치매증에서는 회복 조짐이 인정되었다〔크리스티(J. E.

Christie), 1979].

그러나 최근의 보고에 의하면 포스파티딜콜린만을 단독으로 투여할 경우 이미 치매증에 걸린 환자의 치료는 유감스러우나 절망적인 것 같다. 예를 들어 리틀(Little)은 알츠하이머형 노인성 치매증 환자 51명을 대상으로 엄밀한 대조 실험과 추적 조사를 했으나 그 효과는 인정되지 않았다(1985). 또 하닌(Hanin)과 안셀(G. B. Ansell)에 의하면, 알츠하이머형 노인성 치매증을 포함하는 8종의 대표적 신경 장해에 대해 조사한 결과, 포스파티딜콜린의 단기 투여로 치료 효과를 볼 수 있는 것은 오직 '지발성 운동 장해'라고 불리는 병뿐이었다고 한다(1987).

이처럼 기대에 미치지 못하는 결과가 나타난 배경에는 몇 가지 이유를 생각할 수 있다. 그중 하나로는 포스파티딜콜린의 투여로 증가한 아세틸콜린을 다시 분해해 버리는 콜린에스테라아제라는 효소의 존재이다. 따라서 이 효소의 작용을 약화시키는 약제를 동시에 주사하면 어떤 효과가 나타날 것으로 생각된다. 실제로 이 병용 요법에 의해 치매증 환자 대부분 기억력이 개선되었다는 보고가 있다[타르(L. J. Thal) 등 1983].

그러나 포스파티딜콜린의 투여가 치료 효과를 나타내지 않는 이유는 다른 데에도 있어 치매증의 근본적인 치료법은 아직 없는 실정이다. 다만 오해가 없게 덧붙여 말한다면, 포스파티딜콜린의 투여는 어느 부분에서는 확실히 효과가 있고, 그 부분에서는 병증의 개선에 도움을 주고 있으며 기억력의 향상에도 도움이 되고 있다. 그러나 문제는 그런 일부분만으로는 근본적인 치료가 되지 않는다는 점이다.

하지만 좋은 보고도 있다. 순수한 포스파티딜콜린은 구하기 어려우므로 보통은 콩레시틴이나 난황(卵黃)레시틴 등의 광의의 레시틴 형태로 섭취할 수 있다. 이들 레시틴에는 포스파티딜콜린 외에도 포스파티딜세린과 같은 인지질이 함유되어 있다는 것은 이미 2장에서 살펴보았다.

이 포스파티딜세린은 앞에서 말했듯이 혈액-뇌관문을 그대로 통과하는지 어떤지 현재로는 확실하지 않으나 기억장해의 개선과 기억력의 촉진에는 효과가 있다. 그런 의미에서 포스파티딜콜린이나 포스파티딜세린을 다량으로 함유하는 레시틴식은 '치매증 방지식'으로서 시도해 볼 가치가 있다. 그러므로 낫토 등의 고레시틴식은 뇌를 활성화하여 노화를 방지하는 데 가장 적합한 식품의 하나라 할 수 있다.

참고로 낫토와 더불어 먹는 정백미에는 소 넓적다리 살이나 달걀 이상의 레시틴이 함유되어 있다는 사실을 덧붙여 둔다.

2. 콜레스테롤

미국에서 건너온 콜레스테롤 위험설

노인 모임에 초빙되어 강연했을 때의 일이다. 강연이 끝나자 80세 넘은 한 노부인이 "나는 달걀을 좋아하는 데도 몸에 나쁘다고 신문이나 책에 씌어 있기 때문에 먹지 않는다"면서 금방이라도 울듯이 호소했기 때문에 놀란 적이 있다.

콜레스테롤의 폐해는 여러 가지 형태로 세상에 떠들썩하게 선전되어 있다. 달걀이 고콜레스테롤 식품이라는 이유로 80세 노인이 장수를 하기 위해 자기가 좋아하는 달걀까지 제한한다고 한다. 이런 극단적인 콜레스테롤 섭취 제한의 공과에 대해서는 음미해 보아야 할 필요성이 있다고 필자는 새삼 통감했다.

확실히 지금까지 콜레스테롤은 동맥경화증을 일으켜 심근경색으로 나가게 하는 원흉이라 하여 기피되어 왔다. 이 콜레스테롤 유해론은 당초 심근경색의 다발에 시달려 온 미국 학자들 사이에서 주장되기 시작하여 전 세계적으로 만연하고 있다. 지금은 남녀노소를 막론하고 모두가 그렇

좋아하는 것도 못 먹게 하는 '나쁜 콜레스테롤설'

게 믿고 있는 국민적인 '영양 상식'의 하나로 되어 버렸다.

그러나 미국인과 우리 사이에서 볼 수 있는 식습관의 차이나 사망 원인의 차이 등은 거의 고려되지 않고 있으며 무엇보다도 콜레스테롤 자체에 대한 이해가 일반인들에게는 불완전하다.

우선 밝혀 두고 싶은 점은 콜레스테롤이 몸과 머리에는 필수적인 영양소라는 사실이다. 특히 뇌에는 대량의 콜레스테롤이 함유되어 있다. 성인의 경우 체내에는 약 130g의 콜레스테롤이 함유되어 있는데, 그중의

20% 정도가 뇌에 집중되어 있다. 말초 신경까지 포함시킨 신경계 전체의 콜레스테롤량은 몸 전체의 33%나 된다. 이것으로부터도 콜레스테롤이 신경 기능에 중요한 역할을 하고 있다는 것은 쉽게 알 수 있을 것이다.

콜레스테롤과 생체막

생체 중 콜레스테롤은 일반적으로 세포막의 구조를 형성하기 위한 중요한 구성 요소의 하나이다. 세포막의 '기둥'은 앞에서 말했듯이 인지질인데, 콜레스테롤은 그 인지질 사이에 교묘히 끼여들어 그것들의 극성 머리 부분이 무질서하게 이동하는 것을 방지한다. 동시에 꼬리 부분을 거꾸로 이동하기 쉽게 함으로써 막 안을 유동 상태로 유지하는 데에 이바지한다. 설사 저온에 드러나더라도 세포막의 기능이 발휘될 수 있는 것은 막의 유

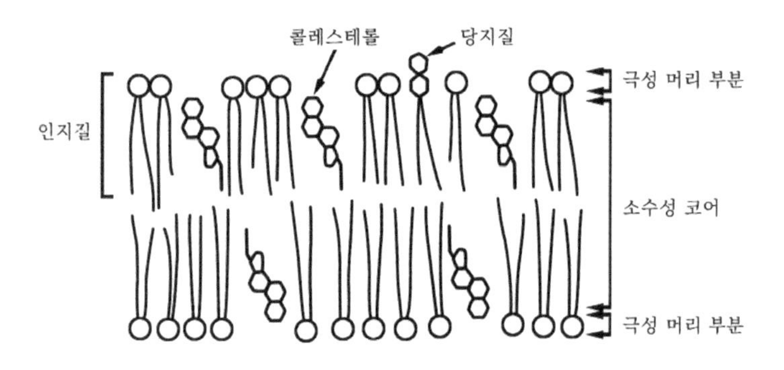

그림 6-2 | 생체막에서의 콜레스테롤의 작용

동성을 유지시키고 있는 이 콜레스테롤 덕분이다(그림 6-2).

뇌의 경우, 뇌 안의 콜레스테롤 약 2분의 1(따라서 신체 전체에 포함되는 양의 약 10분의 1)이 신경 세포의 축색을 수십 층으로 감싸고 있는 미엘린 초에 함유되어 있다. 중량으로 말하면 신경 섬유의 총중량의 10~30%가 이 미엘린 초속의 콜레스테롤이 차지하고 있다. 이 미엘린 초의 콜레스테롤은 신경 정보의 전도를 다른 것으로부터 절연하는 이른바 전선의 피복과 같은 구실을 한다.

다만, 앞에서 지적했듯이 혈액-뇌관문이 완성된 성인의 경우는 식사로 섭취한 콜레스테롤 그대로의 형태로 뇌 안에서 사용되는 것은 아니다. 뇌 안의 콜레스테롤은 포도당의 대사 물질로부터 합성되고 있다. 그러나 혈중 콜레스테롤 농도의 높낮이와 뇌기능의 변화 사이에 어떤 관계가 있다고 시사한 실험 보고도 있어 식사로 섭취한 콜레스테롤이 뇌에 미치는 영향 문제는 앞으로의 연구가 기대된다.

호르몬의 원료로서

신체 일반의 기능에 대한 콜레스테롤의 중요한 역할을 두세 가지 들어 보기로 한다. 하나는 콜레스테롤이 부신 피질 호르몬이나 성 호르몬 등 이른바 '스테로이드 호르몬(Steroid Hormone)'이라고 불리는 생체 활성 물질의 합성 재료가 되는 점이다. 애초 '스테로이드'라는 말은 '콜레스테롤의 무리'라는 뜻이며, 제약회사에서도 인공 합성의 스테로이드 호르몬제는 콜레스테롤을 원료로 하여 만들어 낸다.

또, 콜레스테롤은 몸과 뇌의 주요 영양소인 지방의 흡수에 크게 공헌하고 있다. 콜레스테롤은 간장에서 담즙산(膽汁酸)으로 변환되며 담즙산은 콜레스테롤 자체와 함께 담즙의 구성 성분이 된다. 이 담즙은 장관에서의 지방 흡수에 필수적인 성분이다. 또, 칼슘의 흡수를 촉진하는 활성형 비타민 D3도 체내에서는 콜레스테롤로부터 합성되므로 현재는 스테로이드 호르몬의 일종으로 분류되고 있다.

이상에서 살펴본 바와 같이 콜레스테롤은 몸과 뇌에는 매우 중요한 요소이다. 그러나 통계적으로 보아 콜레스테롤의 과잉 섭취는 관상동맥성 심장질환의 발증과 강한 상관관계를 갖고 있는 점도 부정할 수 없는 사실이다.

특히 '고콜레스테롤 혈증'이라는 병의 환자는 조금이라도 동물성 지방이 많은 식사를 취하면 금방 혈중 콜레스테롤의 농도가 상승한다. 이러한 식습관을 오랫동안 계속하면 반드시 동맥경화증이 일어나고 잘못하면 뇌경색, 심근경색 괴저(壞疽) 등의 합병증까지 일으켜 '죽음'에까지 이른다.

그러나 이런 특별한 병이 아닌 이상 보통의 건강인은 고콜레스테롤식을 약간 지나치게 먹는다 해도 걱정할 필요까지는 없다. '오늘은 달걀을 세 개나 먹었는데 수명이 사흘쯤 짧아지는 것은 아닐까?'하고 쓸데없이 걱정하는 편이 도리어 몸에 해롭다.

달걀은 먹어도 된다

달걀의 콜레스테롤은 노른자에 있으며, 그 양은 한 개당 고작 300㎎ 정도이다. 더욱이 콜레스테롤의 흡수는 리놀산 등의 다가불포화 지방산이 많이 들어 있다. 따라서 미국에서의 연구에 의하면 소화관으로부터 흡수되는 콜레스테롤 양은 먹은 음식에 들어 있는 양의 약 절반이라고 하지만, 실제는 달걀 한 개를 먹었다고 해서 계산대로 300㎎의 절반인 150㎎의 콜레스테롤이 체내로 흡수되는 것은 아니다.

또 체내에서 합성되는 콜레스테롤의 양은 흡수된 콜레스테롤 량이 증가하면 마이너스의 피드백을 받아 감소하는 것이 보통이다. 즉, 건강한 사람의 몸에는 콜레스테롤 양을 항상 일정하게 유지하는 조절 기구가 갖추어져 있다.

따라서 하루에 두세 개의 달걀을 먹었다고 해서 혈중 콜레스테롤 농도가 극단적으로 증대하지는 않는다. 실제로, 먹은 달걀 수와 혈중 콜레스테롤 농도의 상승 사이에는 아무 상관관계가 없다는 것이 실증되어 있다. 그뿐만 아니라 하루 4~5개의 달걀을 먹는 편이 HDL(고밀도 리포단백질)이 증가하여 오히려 심장질환을 예방할 수 있다는 보고도 있다.

콜레스테롤의 과소 섭취

콜레스테롤 섭취량의 다소와 성인병 발생률과의 관계를 생각할 때 항상 인용되는 흥미로운 데이터가 쓰쿠바대학의 오마치 교수 등에 의한 조

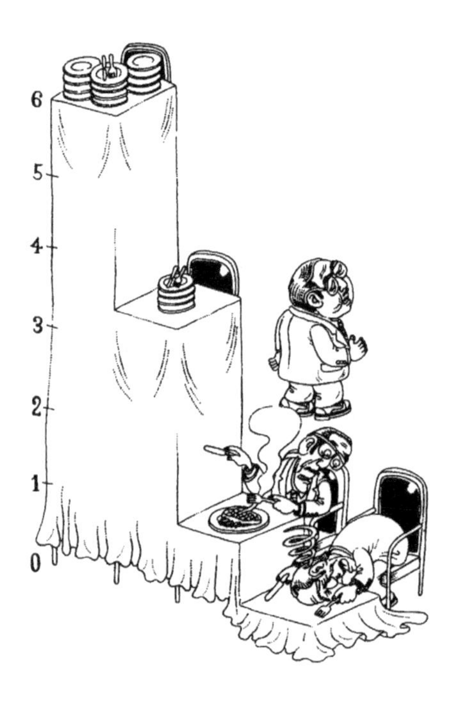

일본인의 뇌졸중은 콜레스테롤의 과소 섭취로부터

사 연구로부터 나와 있다. 뇌졸중의 다발 지역인 아키다현과 발생률이 비교적 적은 오사카 사람들의 식생활 실태를 조사하여 비교한 그들은 '일본인의 뇌졸중은 콜레스테롤이 원인이 아니라 오히려 그 반대로 혈중의 총 콜레스테롤 값이 낮은 사람이 뇌졸중에 걸리는 비율이 놓다'라는 결론을 내리고 있다. 또 최근에는 미국에서도 비슷한 연구 결과가 발표되었다.

이렇게 되면 콜레스테롤의 과잉 섭취뿐만 아니라 과소 섭취도 주의하지 않으면 안 된다. 즉, 콜레스테롤 양을 전혀 신경 쓰지 않고 매일 포식을 하여 관동맥성 심장질환으로 사망할 가능성을 택할 것인가, 콜레스테롤 섭취량을 극단적으로 제한하여 뇌졸중으로 사망할 가능성을 택할 것인가? 필자 입장으로서는 어느 쪽을 택하느냐는 것은 그 사람의 인생관이나 인생철학에 의존한다고 하지 않을 수 없다.

가장 좋은 것은 어느 쪽이든 극단적이 되지 않는 것이다. 그러기 위해서는 역시 평소부터 균형 잡힌 식사를 착실히 취하는 길밖에 없다. 새우, 게, 오징어, 문어, 조개 등의 어패류는 지금까지 콜레스테롤 값이 매우 높은 식품으로 알려져 왔다. 그러나 최근의 새로운 지식에 의하면 이들 식품에 함유되는 콜레스테롤양은 실제로는 훨씬 더 낮은 것으로 알려져 있다.

에스키모는 어째서 심장병에 걸리지 않는가?

어패류의 얘기와 관련이 있으며 방금 소개한 오마치 교수의 연구 결과를 듣고 금방 생각나는 것이 그린란드의 에스키모인의 이야기다. 덴마크령인 그린란드에는 원주민인 에스키모인과 본국으로부터 이주한 덴마크인이 살고 있다. 그런데 두 인종의 같은 나이 사람들의 사망 원인을 비교해 보았더니 놀라운 차이가 나타났다고 한다.

즉 덴마크인은 심근 경색이 높은 율로 발생하여 사망 원인의 40% 이상을 차지하고 있었다. 그에 반해 같은 고단백, 저당식을 먹으면서도 에스키모인은 심근경색에 의한 사망률이 3.5%에 지나지 않았다. 덴마크인의 불과 12분의 1이다. 그 대신 오마치 교수의 조사 연구 결과와 마찬가지로 에스키모인은 뇌졸중에 의한 사망률이 높았다.

이 흥미로운 사실은 연구자들의 관심을 크게 불러일으켰다. 얼마 후에스키모인의 식습관을 분석한 결과 의외의 사실이 밝혀졌다. 에스키모인은 고단백, 저당식의 육류를 먹고 있기는 해도 덴마크인들이 보통 먹는 돼지고기나 쇠고기, 닭고기가 아닌 바다표범이니 고래 등 해산 포유류의 고기를 주식으로 삼고 있었다. 이들 고기에 함유되어 있는 주요한 지방산은 쇠고기 등의 아라키돈산이나, 식물의 기름 등으로부터 섭취해 체내에서 아라키돈산으로 바뀌는 리놀산 등이 아니라, 어류의 지방산과 같은 에이코사펜타엔산(Eicosapentaenoic Acid)임이 밝혀졌다.

에이코사펜타엔산은 체내에서 혈액 응고 작용이 없는 트롬복산 A3로 변화하여, 동시에 아라키돈산이 혈액응고를 촉진하는 트롬복산 A2로 변화하는 것을 방지한다. 그 결과 에스키모인에게서 많이 볼 수 있는 출혈경향을 나타내며, 한편으로는 이 단점이 혈전 형성을 방지하고, 나아가서는 심근경색을 예방하는 장점으로 이어진다.

또, 에이코사펜타엔산에는 '나쁜 콜레스테롤'로 불리는 LDL(저밀도 리포단백질)의 혈중 농도를 낮추거나 반대로 '좋은 콜레스테롤'로 불리는 HDL(고밀도 리포단백질)의 혈중 농도를 높이는 작용도 있다고 한다.

평범한 세 끼의 식사야말로 중요!

지금까지 해온 얘기는 뇌의 활성화를 촉진하는 식사법과 밀접하게 관련되어 있다. 콜레스테롤이 뇌에 중요하다는 점은 이미 설명했다. 아라키돈산과 에이코사펜타엔산 등의 고급 불포화 지방산에 대해서도 4장에서 설명한 생체 정보 물질과의 관계—아라키돈산은 타입2의 프로스타글란딘류의 전구체이다—와 그들이 뇌혈관 벽에 대한 작용을 통해서 뇌순환 혈류를 변화시킬 가능성이 있는 데서부터 뇌의 기능에 영향을 미치고 있으리라는 것은 충분히 예상 가능하다. 앞으로 음식물의 차이가 프로스타글란딘류의 형성을 통해서 뇌의 기능 차이에 어떤 영향을 미치고 있는지가 해명된다면 '뇌 활성화식' 나아가서는 '노화 방지식'의 내용과 그 메커니즘이 더 자세히 밝혀지게 될 것이다.

고령자와 관련해서 평균 수명 하나만 보더라도 일본을 포함하는 세계 장수국의 대부분은 생선 섭식과 관계가 있다는 사실이 주목받고 있다. 그 때문에 미국에서는 '초밥' 등의 일본 음식(생선 식품+쌀 식품)이 붐을 일으키고 있다. 오래 살고, 건강한 몸으로 늙는 것은 뇌의 활성도를 계속해서 유지할 수 있어야 비로소 달성할 수 있는 인생의 '큰일'이다. 따라서 언제까지고 원기 왕성한 노후의 생활을 보증해 주는 평소의 식사야말로 뇌 자체에서도 가장 좋은 최고의 영양원이 된다고 할 수 있다.

그러므로 노인이기 때문에 또는 '오래 살고 싶다'고 하여 극단적으로 식사를 제한하는 방법은 옳지 않다. 자연스러운 식사가 지니는 영양적 균형을 깨뜨려 버리기 때문이다. 평소의 예로부터 내려오는 평범한 가정식이야말로 뇌의 영양식이라는 관점에서 더욱 평가되어야 할 것으로 생각한다.

후기

필자는『뇌의 영양—뇌의 활성화 방법을 찾아본다』(共立出版, 1988)라는 제목의 책을 출간하였다. 뇌 관련 과학의 최근 진보를 소개할 목적으로『브레인 사이언스 시리즈』의 1권으로 대학생을 대상으로 뇌 영양학의 방법과 성과를 정리한 책이다.

본래, 이공계 대학생을 대상으로 하였기 때문에 일반 독자는 읽기 어려웠으리라 생각한다. 교육적 배려에서 정확한 기술을 하기 위해 화학 물질의 구조식과 그들의 복잡한 합성 경로를 도식으로 여러 곳에 제시하였다. 이런 부분이 생화학이라는 학문과는 평소에 인연이 없는 일반 독자에게 자칫하면 난해하게 느껴졌으리라고 생각된다.

즉,『뇌의 영양—뇌의 활성화 방법을 찾아본다』는 말하자면 대학 교과서나 부교재로 분류될 종류의 전문적인 책이었는데 의외로 실제로는 매우 광범위한 층의 사람들로부터 지지를 받아 예상외의 커다란 반향을 얻었다.

전문서라고는 하나 필자의 현재 관심사와 문제의식이 강하게 반영된 탓인지, 결과적으로는 새로운 생명이 깃든 정보영양학이란 어떤 것인가를「뇌의 활성화법」이라는 이름을 빌어 소개한 형태로 된 것이 주효했는지 모른다. 아니, 그 이상으로 정보영양학이라는 이름의 새로운 학문이 현대인의 관심과 수요에 얼마나 맞는 학문인가가 이로써 여실히 증명되었다고 해석하고 있다.

사실 필자는 『뇌의 영양—뇌의 활성화 방법을 찾아본다』를 탈고하고 나서부터 논리와 기술의 엄밀성을 희생하더라도 일반 독자용으로 훨씬 더 알기 쉬운 해설서를 새로 쓰고 싶었다. 독자로부터의 많은 문의와 서신을 받고 반응이 큰 것을 인식함에 따라 이런 생각은 더욱 커졌다.

그래서 그 숙원을 풀기 위해 펜을 들고 단숨에 완성한 정보영양학에 대한 입문서가 이 책이다. 누구나 읽을 수 있도록 이 책에서는 생화학의 지식을 전혀 전제하고 있지 않다. 또, 독자층의 여러 가지 관심사에 단적으로 대답하기 위해 구체적인 경우를 상정하여 장을 나누고, 각 장마다 목적을 집약시켰다. 해설은 평이함을 우선으로 하여 바로 활용할 수 있는 실천 방법까지 서술하였다.이 책의 내용은 전에 저술한 『뇌의 영양』과 거의 비슷하다. 그러나 먼저 번 책에서는 다룰 수 없었던 새로운 화제도 많이 담겨 있다. 만약 이 책에 의해 정보영양학에 흥미를 가지고, 이 학문을 배우고 싶은 독자는 『뇌의 영양—뇌의 활성화 방법을 찾아본다』 및 같은 『브레인 사이언스 시리즈』 5권으로 근간 예정인 나가이 박사와의 공저 『뇌와 생물시계—신체 리듬의 메커니즘』을 읽어보도록 권한다.

그 밖에 지금까지 필자가 쓴 일반인을 대상으로 한 수필이나 논문 중에서 이 책의 내용을 더욱 깊이 이해하기 위해 참고가 될 것으로는 다음과 같은 것이 있다.

• 『단백질은 미인도 만든다』(「단백질—생명을 담당하는 이 긴요하고 불가사의한 물질」, 東京化學同人, 1983)

• 『섭취 행동의 리듬과 식사의 동시성—식습관의 의의를 캔다』(「현대의 에스프리」, 197권 「食, 性, 마음」, 至文堂, 1983)

• 『개성의 영양학—식생활과 정신활동』(「신의과학 대계」, 1권 B, 중(中山書店, 1984)

• 『단백질, 아미노산의 영양』(「단백질 III」, 同京化學同人, 1987)

이 책들도 앞의 두 권과 더불어 읽어준다면 퍽 다행으로 생각한다.

나카가와 하치로

도서목록
- 현대과학신서 -

A1 일반상대론의 물리적 기초
A2 아인슈타인 I
A3 아인슈타인II
A4 미지의 세계로의 여행
A5 천재의 정신병리
A6 자석 이야기
A7 러더퍼드와 원자의 본질
A9 중력
A10 중국과학의 사상
A11 재미있는 물리실험
A12 물리학이란 무엇인가
A13 불교와 자연과학
A14 대륙은 움직인다
A15 대륙은 살아있다
A16 창조 공학
A17 분자생물학 입문 I
A18 물
A19 재미있는 물리학 I
A20 재미있는 물리학II
A21 우리가 처음은 아니다
A22 바이러스의 세계
A23 탐구학습 과학실험
A24 과학사의 뒷얘기 1
A25 과학사의 뒷얘기 2
A26 과학사의 뒷얘기 3
A27 과학사의 뒷얘기 4
A28 공간의 역사
A29 물리학을 뒤흔든 30년
A30 별의 물리
A31 신소재 혁명
A32 현대과학의 기독교적 이해
A33 서양과학사
A34 생명의 뿌리
A35 물리학사
A36 자기개발법
A37 양자전자공학
A38 과학 재능의 교육
A39 마찰 이야기
A40 지질학, 지구사 그리고 인류
A41 레이저 이야기
A42 생명의 기원
A43 공기의 탐구
A44 바이오 센서
A45 동물의 사회행동
A46 아이작 뉴턴
A47 생물학사
A48 레이저와 홀러그러피
A49 처음 3분간
A50 종교와 과학
A51 물리철학
A52 화학과 범죄
A53 수학의 약점
A54 생명이란 무엇인가
A55 양자역학의 세계상
A56 일본인과 근대과학
A57 호르몬
A58 생활 속의 화학
A59 셈과 사람과 컴퓨터
A60 우리가 먹는 화학물질
A61 물리법칙의 특성
A62 진화
A63 아시모프의 천문학 입문
A64 잃어버린 장
A65 별 · 은하 · 우주

도서목록
- BLUE BACKS -

1. 광합성의 세계
2. 원자핵의 세계
3. 맥스웰의 도깨비
4. 원소란 무엇인가
5. 4차원의 세계
6. 우주란 무엇인가
7. 지구란 무엇인가
8. 새로운 생물학(품절)
9. 마이컴의 제작법(절판)
10. 과학사의 새로운 관점
11. 생명의 물리학(품절)
12. 인류가 나타난 날 I (품절)
13. 인류가 나타난 날II(품절)
14. 잠이란 무엇인가
15. 양자역학의 세계
16. 생명합성에의 길(품절)
17. 상대론적 우주론
18. 신체의 소사전
19. 생명의 탄생(품절)
20. 인간 영양학(절판)
21. 식물의 병(절판)
22. 물성물리학의 세계
23. 물리학의 재발견〈상〉
24. 생명을 만드는 물질
25. 물이란 무엇인가(품절)
26. 촉매란 무엇인가(품절)
27. 기계의 재발견
28. 공간학에의 초대(품절)
29. 행성과 생명(품절)
30. 구급의학 입문(절판)
31. 물리학의 재발견〈하〉
32. 열 번째 행성
33. 수의 장난감상자
34. 전파기술에의 초대
35. 유전독물
36. 인터페론이란 무엇인가
37. 쿼크
38. 전파기술입문
39. 유전자에 관한 50가지 기초지식
40. 4차원 문답
41. 과학적 트레이닝(절판)
42. 소립자론의 세계
43. 쉬운 역학 교실(품절)
44. 전자기파란 무엇인가
45. 초광속입자 타키온
46. 파인 세라믹스
47. 아인슈타인의 생애
48. 식물의 섹스
49. 바이오 테크놀러지
50. 새로운 화학
51. 나는 전자이다
52. 분자생물학 입문
53. 유전자가 말하는 생명의 모습
54. 분체의 과학(품절)
55. 섹스 사이언스
56. 교실에서 못 배우는 식물이야기(품절)
57. 화학이 좋아지는 책
58. 유기화학이 좋아지는 책
59. 노화는 왜 일어나는가
60. 리더십의 과학(절판)
61. DNA학 입문
62. 아몰퍼스
63. 안테나의 과학
64. 방정식의 이해와 해법

65. 단백질이란 무엇인가
66. 자석의 ABC
67. 물리학의 ABC
68. 천체관측 가이드(품절)
69. 노벨상으로 말하는 20세기 물리학
70. 지능이란 무엇인가
71. 과학자와 기독교(품절)
72. 알기 쉬운 양자론
73. 전자기학의 ABC
74. 세포의 사회(품절)
75. 산수 100가지 난문 · 기문
76. 반물질의 세계
77. 생체막이란 무엇인가(품절)
78. 빛으로 말하는 현대물리학
79. 소사전 · 미생물의 수첩(품절)
80. 새로운 유기화학(품절)
81. 중성자 물리의 세계
82. 초고진공이 여는 세계
83. 프랑스 혁명과 수학자들
84. 초전도란 무엇인가
85. 괴담의 과학(품절)
86. 전파는 위험하지 않은가
87. 과학자는 왜 선취권을 노리는가?
88. 플라스마의 세계
89. 머리가 좋아지는 영양학
90. 수학 질문 상자
91. 컴퓨터 그래픽의 세계
92. 퍼스컴 통계학 입문
93. OS/2로의 초대
94. 분리의 과학
95. 바다 야채
96. 잃어버린 세계 · 과학의 여행
97. 식물 바이오 테크놀러지
98. 새로운 양자생물학(품절)
99. 꿈의 신소재 · 기능성 고분자
100. 바이오 테크놀러지 용어사전
101. Quick C 첫걸음
102. 지식공학 입문
103. 퍼스컴으로 즐기는 수학
104. PC통신 입문
105. RNA 이야기
106. 인공지능의 ABC
107. 진화론이 변하고 있다
108. 지구의 수호신 · 성층권 오존
109. MS-Window란 무엇인가
110. 오답으로부터 배운다
111. PC C언어 입문
112. 시간의 불가사의
113. 뇌사란 무엇인가?
114. 세라믹 센서
115. PC LAN은 무엇인가?
116. 생물물리의 최전선
117. 사람은 방사선에 왜 약한가?
118. 신기한 화학 매직
119. 모터를 알기 쉽게 배운다
120. 상대론의 ABC
121. 수학기피증의 진찰실
122. 방사능을 생각한다
123. 조리요령의 과학
124. 앞을 내다보는 통계학
125. 원주율 π의 불가사의
126. 마취의 과학
127. 양자우주를 엿보다
128. 카오스와 프랙털
129. 뇌 100가지 새로운 지식
130. 만화수학 소사전
131. 화학사 상식을 다시보다
132. 17억 년 전의 원자로
133. 다리의 모든 것
134. 식물의 생명상
135. 수학 아직 이러한 것을 모른다
136. 우리 주변의 화학물질
137. 교실에서 가르쳐주지 않는 지구이야기
138. 죽음을 초월하는 마음의 과학

139. 화학 재치문답
140. 공룡은 어떤 생물이었나
141. 시세를 연구한다
142. 스트레스와 면역
143. 나는 효소이다
144. 이기적인 유전자란 무엇인가
145. 인재는 불량사원에서 찾아라
146. 기능성 식품의 경이
147. 바이오 식품의 경이
148. 몸 속의 원소 여행
149. 궁극의 가속기 SSC와 21세기 물리학
150. 지구환경의 참과 거짓
151. 중성미자 천문학
152. 제2의 지구란 있는가
153. 아이는 이처럼 지쳐 있다
154. 중국의학에서 본 병 아닌 병
155. 화학이 만든 놀라운 기능재료
156. 수학 퍼즐 랜드
157. PC로 도전하는 원주율
158. 대인 관계의 심리학
159. PC로 즐기는 물리 시뮬레이션
160. 대인관계의 심리학
161. 화학반응은 왜 일어나는가
162. 한방의 과학
163. 초능력과 기의 수수께끼에 도전한다
164. 과학·재미있는 질문 상자
165. 컴퓨터 바이러스
166. 산수 100가지 난문·기문 3
167. 속신 100의 테크닉
168. 에너지로 말하는 현대 물리학
169. 전철 안에서도 할 수 있는 정보처리
170. 슈퍼파워 효소의 경이
171. 화학 오답집
172. 태양전지를 익숙하게 다룬다
173. 무리수의 불가사의
174. 과일의 박물학
175. 응용초전도
176. 무한의 불가사의
177. 전기란 무엇인가
178. 0의 불가사의
179. 솔리톤이란 무엇인가?
180. 여자의 뇌·남자의 뇌
181. 심장병을 예방하자